高等职业本科教育机电类专业系列教材

走进增材制造

主　编　程律莎
副主编　敖丹军
参　编　林　阳　杜赛飞

机械工业出版社

本书以真实校企合作项目为载体，构建了三个发展型递进式学习阶段：增材制造产业发展概论、3D 打印设备操作与装调和基于 3D 打印技术的脊柱侧弯支具产品开发案例，通过学习，可以帮助学生构建从了解、掌握到应用增材制造专业知识的能力体系，最终提升学生使用增材制造技术解决实际问题的能力。

本书可作为高等职业教育本科机械设计制造及自动化、增材制造技术相关专业教材，也可以作为智能制造、车辆工程相关专业教材。

为便于教学，本书配套有电子课件、微课视频、试题库等教学资源，选择本书作为教材的教师可登录机械工业出版社教育服务网（http://www.cmpedu.com）注册、免费下载。咨询电话：010-88379193。

图书在版编目（CIP）数据

走进增材制造 / 程律莎主编. -- 北京：机械工业出版社, 2024.12. -- (高等职业本科教育机电类专业系列教材). -- ISBN 978-7-111-77266-8

I. TB4

中国国家版本馆 CIP 数据核字第 2025S7E192 号

机械工业出版社（北京市百万庄大街22号　邮政编码100037）
策划编辑：黎　艳　　　　　责任编辑：黎　艳
责任校对：闫玥红　丁梦卓　封面设计：马精明
责任印制：张　博
北京建宏印刷有限公司印刷
2025年2月第1版第1次印刷
210mm×285mm・9.5印张・257千字
标准书号：ISBN 978-7-111-77266-8
定价：45.00 元

电话服务　　　　　　　　网络服务
客服电话：010-88361066　　机　工　官　网：www.cmpbook.com
　　　　　010-88379833　　机　工　官　博：weibo.com/cmp1952
　　　　　010-68326294　　金　书　网：www.golden-book.com
封底无防伪标均为盗版　　　机工教育服务网：www.cmpedu.com

前　言

　　我国已将增材制造（3D 打印）列为重点战略性新兴产业，增材制造产业正在随着数字化转型和人工智能为代表的第四次工业革命的到来，以崭新的面貌深刻影响着先进制造业多元化、数字化的大格局，成为先进制造业未来的核心。随着增材制造产业新技术、新工艺、新规范的快速涌现，相关人才市场需求旺盛，集中体现在 3D 打印设备操作与使用、装调与维护以及不同领域的深度应用等方面技术型人才供不应求。职业教育在我国教育体系中的地位日益凸显，在职业本科教育的人才培养上，亟需培养一大批适应市场需求的增材制造技术应用行业人才。

　　本书编者为增材制造技术领域教育专家，多年来致力于与行业企业共同打造紧密的产学评一体的教学生态体系。本书以培养具备工程思维能力的高端增材制造技术人才为目标，按照布鲁姆学习认知规律，以项目为载体构建了三个发展型递进式学习阶段：以了解增材制造产业发展为学习起点，进阶到装配一台符合企业生产和出厂标准的 3D 打印设备，最后到 3D 打印技术的综合应用，选取与医院合作的真实项目——基于 3D 打印技术的脊柱侧弯支具产品开发，链接增材制造一体化开发设计流程：逆向扫描、人工智能轻量化设计、多样化的增材制造工艺方案制订，以创新为驱动，深化产教融合，促进增材制造在医疗健康领域的技术融合应用，实现增材制造技术在高端产业领域的深度学习，为培养增材制造工程技术人才提供了可借鉴的范式。

　　由于编者水平有限，书中难免有疏漏和不妥之处，恳请广大读者不吝批评指正。

编　者

二维码清单

名称	二维码	名称	二维码
3D 打印技术介绍		金属 3DP 铺粉与黏结剂喷射	
FDM 的应用领域		3D 打印机原理	
光固化成形		熔融堆积成形技术工艺参数控制	
熔融沉积成形		Y 轴机械原理	
直接金属激光烧结		喷头组件三维原理动画	
选择性激光烧结		挤出装置原理动画	

二维码清单

（续）

名称	二维码	名称	二维码
X轴机械原理		手持式三维扫描仪的应用	
Z轴机械原理		课前测试题	
送丝机构原理动画		个人喜好与职业选择调查问卷	
增材制造医工交互研讨会		如何正确使用手持式三维扫描	
课前测试题		逆向建模成形工艺特点	
数字化医学在临床医学的应用案例调查表		轻量化技术的应用与发展	
关于传统脊柱侧弯支具的痛点及解决方案		Altair轻量化软件的使用与特点	
操作手持式三维扫描仪		FDM 3D打印机的技术原理与特点	

(续)

名称	二维码	名称	二维码
SLA 3D 打印机的技术原理与特点		梁的弯曲与剪切应力	
SLM 3D 打印机的技术原理与特点		3D 打印脊柱侧弯支具工程评价质量检测任务书	
一带一路青年创业故事		脊柱侧弯支具打印质量检测报告单	
课前测试题		支具 3D 打印项目总结汇报准备	
工艺质量风险评估分析表			

目　录

前　言

二维码清单

项目一　增材制造产业发展概论 ··· 1
任务一　认识 3D 打印 ·· 1
任务二　了解 3D 打印工艺的分类 ··· 9
任务三　了解 3D 打印技术的发展趋势 ···································· 19

项目二　3D 打印设备操作与装调 ··· 27
任务一　初识 FDM 3D 打印制作喷气式发动机手办模型 ·················· 27
任务二　FDM 3D 打印机 Y 轴组件的装配 ································ 34
任务三　FDM 3D 打印机喷头组件的装配 ································· 38
任务四　FDM 3D 打印机 X-Z 轴组件的装配 ······························ 47
任务五　FDM 3D 打印机整机装配 ··· 51
任务六　FDM 3D 打印机常见故障的检修与维护 ·························· 55
任务七　FDM 3D 打印机送丝机构的选择 ································· 62
任务八　FDM 3D 打印机结构方案的选择 ································· 64
任务九　FDM 3D 打印机零部件调试 ······································ 66

项目三　基于 3D 打印技术的脊柱侧弯支具产品开发案例 ···················· 69
任务一　启动 3D 打印医疗项目 ·· 69
任务二　手持式三维扫描仪操作和方案制订 ······························· 76
任务三　患者身体特征数据的获取与扫描实操 ···························· 84
任务四　利用 Geomagic 软件处理扫描数据并逆向建模 ··················· 90
任务五　利用 Altair Inspire 软件对支具模型拓扑优化设计 ··············· 108
任务六　3D 打印工艺方案的制订与支具制作 ····························· 122
任务七　支具产品的质量检测与工艺优化 ································· 130
任务八　患者适配与产品综合评价 ·· 134

参考文献 ··· 141

项目一

增材制造产业发展概论

项目导入

项目一作为全书的开篇，为读者提供增材制造（3D 打印）技术的基础知识，旨在用浅显易懂的语言解释增材制造技术的本质，通过三个任务系统性地介绍这一技术的基本概念和发展趋势。任务一介绍增材制造的定义、特点、发展及其应用领域。任务二详细介绍不同类型的增材制造工艺，包含光固化成形、熔融沉积成形、金属激光烧结等技术，使读者能够了解各种工艺的原理和特点，从高度定制化、快速原型制作到低成本生产等方面进行全面剖析，阐述增材制造技术相对于传统减材制造方法的独特优势；探讨增材制造技术在各个领域的深远意义，包括医疗、工业设计领域以及对传统行业的改变，为后面的学习奠定基础。任务三聚焦当前增材制造技术的发展趋势，介绍最新的技术创新和市场动向，增材制造在智能制造、数字化制造中的作用，以及人工智能与增材制造的结合，引发读者对未来发展的思考。通过该项目的学习，读者将对增材制造技术有一个初步的认识，为深入学习后续章节打下坚实基础。

注意：在本书中，出现的"3D 打印"如无特殊说明，则泛指"增材制造"。

任务一 认识 3D 打印

任务目标

了解 3D 打印的定义、特点及其发展阶段，探讨 3D 打印技术在各个领域所展现的引人瞩目的应用，以及它是如何引领未来制造和创新浪潮的。

1. 知识目标

1）正确理解 3D 打印技术的基本原理和主要工作流程。
2）正确辨别 3D 打印技术与减材制造技术。
3）了解 3D 打印技术在不同领域（如制造业、医疗、建筑等）的应用案例。

2. 技能目标

1）掌握 3D 打印材料的选择方法，能够根据产品的应用场景选择材料。
2）学会应用 3D 打印技术解决实际问题。

3. 素养目标

1）培养学生严格遵守规范、精益求精的工匠精神。

2）提高学生正确认识问题、分析问题和解决问题的能力。

3）培养学生创新思维和想象力，探寻3D打印更多的应用领域。

一、什么是3D打印

1. 3D打印的定义

3D打印又称增材制造（Additive Manufacturing，AM），是一种革命性的数字化制造技术，即通过逐层堆叠材料的方式，逐渐构建出三维实体的过程。这一技术从根本上改变了传统的制造方式，使制造不再依赖于传统的减法制造（即通过切削、挤压或锻造等方式将原始材料去除或改变形状），而是通过逐层添加材料来构建实体，如图1-1所示。

3D打印技术介绍

2. 3D打印技术概述

3D打印技术作为一项颠覆性的数字化制造技术，通过数字化建模、切片、打印和后处理等关键步骤，以逐层堆叠的方式构建三维实体。

数字化建模阶段使用计算机辅助设计（CAD）软件创建精确的数字模型，而切片过程将数字模型分解为逐层的切片文件，为打印提供指导。在打印过程中，不同的3D打印技术利用各种原理和材料，如熔融沉积成形（图1-2）、光固化成形、选择性激光烧结等，逐层堆叠材料以构建实体。

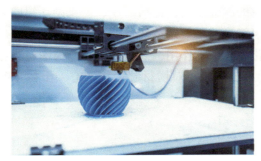

图1-1　3D打印（增材制造）

图1-2　熔融沉积成形

后处理阶段包括去除支撑结构、表面处理和染色等步骤，以优化打印制件的质量和外观。

3. 3D打印的材料

应用3D打印技术涉及的材料种类繁多，涵盖了塑料、金属、陶瓷、生物材料等多种材料。这些材料的选择取决于打印目的、所需制件的物理性能和应用领域。

（1）塑料类材料　塑料类材料在3D打印中占据重要地位，广泛应用于原型制作、消费品制造等领域。其中，丙烯腈丁二烯苯乙烯（ABS）是一种常见的工程塑料（图1-3），具有较高的强度和优异的抗冲击性能，常用于制造耐用零部件；聚乳酸（PLA）是一种生物可降解的塑料，适用于环保和医疗领域；聚对苯二甲酸乙二醇酯（PET）具有高强度和耐化学性能，常用于工业和医疗领域；高性能聚合物如尼龙（PA）和聚醚醚酮（PEEK）则展现了卓越的力学性能，广泛应用于工业和医疗领域。

（2）金属类材料　金属类材料在3D打印中应用广泛，满足了制造业对零部件高强度、耐高温性能的需求。传统金属包括铝合金、不锈钢、钛合金等，它们分别具有轻质、耐蚀性和生物相容性等特点，应用于航空航天、汽车制造等领域的金属3D打印（图1-4）中。先进金属，如铬钼合金和镍基合金，则以其卓越的耐蚀性和高温性能，成为制造极端环境下应用的金属3D打印制件的理想选择。

图 1-3 ABS 工程塑料

图 1-4 金属 3D 打印

（3）陶瓷类材料　陶瓷类材料在 3D 打印中主要用于制造高性能的陶瓷零部件。氧化铝陶瓷具有高硬度、高耐磨性和高化学稳定性的特点，适用于制造耐磨零部件（图 1-5）。氧化锆陶瓷则因其高强度和优良的热绝缘性能，常用于制造高温环境下工作的零部件，如制造航空发动机零部件。

（4）生物材料　3D 打印技术引入了生物材料，诞生了生物 3D 打印技术，这为制造医疗器械和人体组织器官提供了新途径。生物 3D 打印所需的墨水中包含生物材料或者细胞和构成支持结构的成分，可用于生物器官的打印（图 1-6）、医学模型的制作等领域。生物材料的使用将在医学领域提升生产定制化医疗设备和实现器官移植的可能性。

图 1-5 3D 打印陶瓷制件

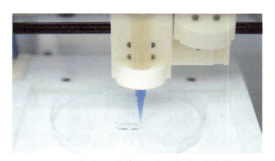

图 1-6 3D 打印机将鼻子原型打印到培养皿上

（5）复合材料　复合材料在 3D 打印中发挥着重要作用，其中碳纤维增强复合材料尤为突出（图 1-7）。这种材料通过在塑料基体中添加碳纤维，兼具高强度和轻质的优势，适用于制造需要同时满足强度和轻量化要求的零部件，如汽车零部件和运动器材。

（6）其他材料　橡胶类材料在 3D 打印中用于制造软性零部件和模型（图 1-8），蜡类材料 3D 打印中常用于特种铸造等特殊的应用。这些材料在特定的应用场景中发挥着关键作用，为 3D 打印技术的应用提供了更多的选择。

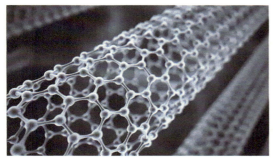

图 1-7 碳纤维增强树脂基复合材料

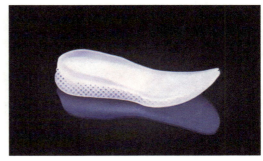

图 1-8 橡胶类材料

4. 3D 打印的特点

3D 打印技术作为一项引领制造业发展的革命性技术，它具有许多显著的特点。深入了解这些特点可以更好地理解和应用这一技术。

（1）创新性与设计自由度　3D 打印技术以其独特的逐层堆叠制造方式赋予设计者极大的创新自由度。设计者可以将复杂的几何形状和结构直观地转化为数字模型，从而创造出以前难以想象的复杂结构和独特设计（图 1-9）。这种创新性使得 3D 打印成为推动设计界发展的一股强大力量，从艺术品到工业产品都能够受益于其设计自由度。

（2）定制化制造与个性化生产　3D 打印技术的独特之处在于其能够实现高度个性化的生产。通过数字化建模（图 1-10），制造者能够根据具体需求和个人创意，为每个产品定制独有的特征。这一特点对医疗器械、消费品和工业零部件等领域尤为重要，因为它使得生产更加贴近个体需求，实现了真正的个性化生产。

图 1-9　3D 打印艺术品

图 1-10　数字化建模

（3）快速原型制作与设计迭代　3D 打印技术对加速产品设计和开发起到了关键作用。设计者能够在短时间内创建物理原型（图 1-11），通过观察和测试以迅速验证设计的可行性。这种快速原型制作的能力大大缩短了产品从概念到投放市场的时间，加快了创新的步伐。设计迭代变得更加灵活，从而更容易满足不断变化的市场需求。

（4）低成本生产与高资源利用率　相较于传统的减材制造，3D 打印技术能够减少材料的浪费。由于它是一种逐层添加材料的过程，只使用实际需要的材料，通过精细打印可以减少材料浪费，提高资源利用率，因此降低了制造成本。用于 3D 打印的塑料丝线如图 1-12 所示。这对于小规模批量生产和个性化制造是一个显著的优势。此外，3D 打印还有助于实现可持续制造，更有效地利用资源。

图 1-11　3D 打印物理原型

图 1-12　用于 3D 打印的塑料丝线

（5）设计复杂与精细的结构　3D 打印技术能够处理极为复杂的结构和实现精细的设计

（图1-13），极大地突破了传统制造方法的局限性。设计者可以通过数字化建模创建出具有精细纹理、微小孔洞或复杂曲面的物体，实现了更高层次的设计复杂性。这一特点在航空航天、医疗领域和工业设计中具有重要意义，也推动了技术的发展。

（6）提升生产率与实现多样化制造　3D打印技术提高了生产率，特别适用于小批量、多样化产品生产领域（图1-14）。一台3D打印机可以在同一构建过程中制造多个不同的物体，无须更改生产线。这种灵活性使得生产过程更加高效，能够适应不断变化的市场需求，也使多样化制造成为可能，带来更多的产品选择。

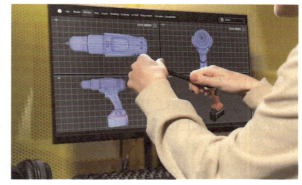

图1-13　精细建模

（7）设备和材料的不断创新　随着3D打印技术的不断发展，也促进了相关设备和材料的不断创新。3D打印机的性能越来越先进，能够支持更多材料，包括各种塑料、金属及其合金、陶瓷、生物材料等。这种不断的创新推动了3D打印技术在更广泛领域的应用，为制造业带来了更多可能性，如图1-15所示。

图1-14　各种3D打印模型

图1-15　3D打印在制造业中的应用

二、3D打印技术的历史演进

1. 早期探索阶段

3D打印的早期探索始于20世纪80年代。1983年，美国发明家赫尔发明了一项名为"光固化打印"（Stereolithography）的技术，并于1986年获得了相关专利。这一技术通过使用紫外线激光照射液体光敏树脂（图1-16），逐层凝固形成实体，这为后来的3D打印技术奠定了基础。

光固化打印技术创新地解决了传统制造方法无法实现的制造复杂几何形状和结构的问题。通过逐层堆叠光敏树脂，设计者能够以前所未有的方式制造出具有高度精细度的实体，使得3D打印技术在原型制作和小批量生产方面具有显著优势。

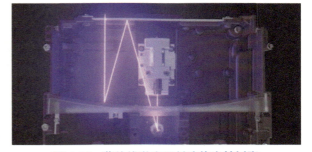

图1-16　紫外线激光照射液体光敏树脂

早期的3D打印技术主要应用于快速原型制作领域，为制造商和设计师提供了更快获得实体模型的途径。航空航天和医疗领域也成为了早期应用3D打印技术的领域。尽管光固化打印为3D打印技术带来了革命性的突破，但在早期阶段，仍然存在一些挑战，如材料选择、打印速度和分辨率等方面的限制。这些挑战促使了后续技术的不断创新和改进。总体而言，早期探索阶段为3D打印技术的商业化和广泛应用奠定了基础。

2. 商业化与技术创新阶段

商业化与技术创新阶段为20世纪90年代，标志着3D打印技术从实验室走向市场，得到了一系列关键性的发展。

1986年，赫尔成立了3D Systems公司，该公司是第一家商业化生产3D打印机的公司。1988年，该公司推出了世界上第一台商用3D打印机，命名为SLA-1。这一创举标志着3D打印技术进入商业化生产，吸引了制造业和设计领域的广泛关注。

与此同时，其他公司也加入了3D打印技术的商业竞争。Stratasys、EOS等公司纷纷推出了各自的3D打印机，采用不同的打印技术，如熔融沉积成形（FDM）技术和选择性激光烧结（SLS）技术。例如，图1-17所示为联泰科技UnionTech FDM 3D打印设备。这些技术的推出拓宽了3D打印技术的应用范围，使其满足更多的制造和设计需求。

商业化与技术创新阶段的另一个显著特点是不断的技术创新。各家公司对不同的3D打印技术进行改进和优化，提高了打印速度、成形精度和材料选择的多样性。技术创新推动了3D打印技术的不断发展，使其更好地适应不同行业的需求。

这一时期，3D打印技术在制造业中得到了广泛应用，成为了原型制作和小批量生产的理想选择。汽车、航空航天、医疗等领域开始探索并采用3D打印技术，为其后来的进一步发展奠定了基础。商业化与技术创新阶段标志着3D打印技术不再局限于实验室，而是真正走向市场，为其未来的全球应用奠定了坚实的基础。

3. 广泛应用与材料创新阶段

广泛应用与材料创新阶段为2010年至今。在这一时期，该技术不仅在制造业中得到了更广泛的应用，而且涌现出许多新的材料和应用领域。

FDM的应用领域

随着技术的不断成熟和成本的降低，3D打印技术逐渐成为各领域的重要工具。例如，在制造领域中，汽车制造商使用3D打印技术制造复杂的零部件（图1-18）；在航空航天领域，使用3D打印技术制造轻量化部件；在医疗领域，使用3D打印技术定制医疗器械和人体组织。这一阶段，3D打印技术从原型制作逐渐扩展到生产领域，成为实际制造的重要手段。

图1-17 FDM 3D打印设备

设计的模型

打印的产品

图1-18 3D打印汽车零部件

材料创新成为推动3D打印技术发展的重要因素。除了传统的塑料和金属材料外，生物3D打印技术使用了生物材料，为人体组织的3D打印（图1-19）提供了可能性。复合材料的发展使得更多领域可以使用同时具备高强度和轻质特性的材料。此外，高性能聚合物、陶瓷等材料的涌现进一步丰富了3D打印材料的选择，满足了不同领域对性能和应用要求的需求。

在广泛应用与材料创新阶段，3D打印技术开始进入新的领域。建筑业采用大型3D打印机制造建筑模型（图1-20），艺术领域通过3D打印技术创造出更具复杂性的艺术品，食品行业利用3D打印技术直接生产食品。这些新兴应用为3D打印技术的发展提供了更多的可能性，将其推向了更广泛和多样化的领域。

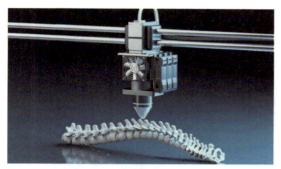

图1-19　人体组织的3D打印

图1-20　3D打印建筑模型

随着3D打印技术的普及，教育领域开始将其纳入教学计划，培养学生的创新思维和制造能力。同时，个人用户也通过开源硬件和低成本的3D打印机进入了这一领域，推动了3D打印技术在个人创造和定制领域的应用。

广泛应用与材料创新阶段见证了3D打印技术全球产业链的形成。这其中不仅有大型3D打印设备制造商，还有专注于打印材料、软件开发和相关服务的企业。这一产业链的形成促进了技术的进一步演进和市场的不断扩大，推动了3D打印技术的全球化发展。

三、当前3D打印技术的应用领域

3D打印技术作为一项革命性的制造技术，正在迅速扩大其影响力，深刻改变着各行业的发展格局。从制造业到医疗领域，从航空航天到建筑领域，3D打印技术的应用已经超越了传统生产方法的限制，为创新和定制化提供了无限可能性。

1. 3D打印技术在制造业领域的应用

3D打印技术在制造业的应用已经引领了一场制造模式的变革，为企业提供了更灵活、高效和创新的生产解决方案。

1）在原型制作与产品开发方面，3D打印技术被广泛用于制造业。制造企业可以快速制作出物理原型，加速产品设计迭代的进程。这种灵活性使得设计团队能够更快地验证新概念，优化产品设计，大大缩短了产品上市时间。

2）在定制化生产方面，3D打印技术使制造业迎来了个性化和定制化生产的新时代。制造企业可以根据客户需求快速定制生产零部件和产品，无须大规模生产。这不仅降低了库存成本，还满足了市场对个性化产品的不断增长的需求。

3）在零部件制造方面，传统的制造方式可能涉及复杂的工艺和多道工序，而3D打印技术可以通过逐层堆叠材料直接制造零部件，减少了中间环节，提高了生产率。尤其在生产复杂几何形状的零部件时，3D打印技术表现出色，为制造业提供了更多设计的空间（图1-21）。

4）在快速生产和小批量生产方面，3D打印技术的灵活性和高效性为制造企业提供了更多选择，企业可以根据需求实现快速的生产响应，降低了生产成本，提高了灵活性和生产率。

2. 3D打印技术在医疗领域的应用

3D打印技术在医疗领域的应用呈现出令人瞩目的创新和改变。从个性化医疗器械到人体组织的生物3D打印，这项技术正为医疗领域的发展带来深远的影响。

1）在医疗器械制造方面，3D打印技术赋予了定制化医疗器械生产的可行性。例如，在牙科领域，3D打印技术被广泛应用于制作牙模（图1-22）和牙套。通过扫描患者的口腔结构，可以定制适合患者的牙科产品，如矫正器和牙冠。这种定制化设计提高了器械的适应性和舒适度，有助于患者的康复和患者生活质量的提高。

图1-21　3D打印应用于汽车零部件制造

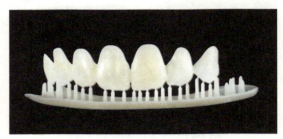

图1-22　3D打印牙模

2）在医学模型和手术规划方面，医生可以使用3D打印技术制作患者特定的解剖模型，以更好地理解病变、规划手术和进行医学培训。这种模型不仅可以提供更直观的视觉参考，医生还可以在手术前使用患者特定的3D模型进行实践和分析，模拟手术步骤，从而提高手术的精确性和安全性。

生物3D打印技术是医疗领域中的一项重大突破，实现了人体组织和器官的直接制造。科学家们已经成功地使用3D打印技术制造了心脏（图1-23）、肝脏、肾脏等器官的原型，这一技术有望解决器官移植的医学难题，缓解器官短缺的压力。

3. 3D打印技术在建筑领域的应用

3D打印技术在建筑领域的应用正在重新定义建筑方法，为建筑行业带来了更高效、更创新的解决方案（图1-24）。

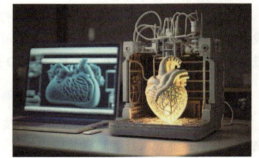

图1-23　3D打印心脏模型

首先，大型3D打印机的出现使得建筑构件的制造更加迅速和经济高效。这种技术可以直接将混凝土或其他建筑材料按照设计图样逐层打印成所需形状，减少了传统建筑过程中对模具和中间步骤的需求，降低了建筑成本。这种自动化的建筑过程大大缩短了建筑时间，提高了工程执行效率。

其次，3D打印技术为建筑师和设计师提供了更大的设计自由度。由于3D打印技术几乎可以实现任何复杂的几何形状，因此建筑师可以设计更具创意和独特性的建筑结构，这使得建筑物可以更好地融入环境，同时更人性化和艺术化。

在建筑定制化方面，3D打印技术也为建筑行业带来了巨大的改变。建筑师可以根据客户的需求和特定场地的条件，通过3D打印技术制造出个性化的建筑构件（图1-25），这不仅提高了建筑的适应性和可持续性，还推动了建筑行业向更加智能、定制化的方向发展。

在建筑维护和修复方面，3D打印技术为建筑的维护和修缮提供了新的解决方案。通过3D打印技术，可以制造出精确匹配的建筑构件，用于修复受损的建筑结构。这种方法不仅更经济，还减少了对传统建筑材料的浪费。

项目一　增材制造产业发展概论

图 1-24　建筑 3D 打印

图 1-25　建筑 3D 建模

思考与练习

本任务主要介绍了 3D 打印技术的起源和历史发展，探讨了 3D 打印技术在各个领域的深远意义以及对传统行业的改变。请同学们回答下面的问题：

1）什么是 3D 打印技术？
2）3D 打印机可以制造出比自身还大的物体吗？
3）用于 3D 打印的材料有哪些？

任务二　了解 3D 打印工艺的分类

任务目标

本任务分别对光固化成形（SLA）、熔融沉积成形（FDM）和直接金属激光烧结（DMLS）这三种主流的 3D 打印工艺展开介绍，深入理解这些工艺的原理和特点。

1. 知识目标

1）掌握 3D 打印技术的主要工艺分类，并了解每种工艺的原理和特点。
2）了解各 3D 打印工艺的应用，在实际应用中能做出合适的选择。
3）能正确辨别不同 3D 打印工艺所需的材料类型及其特性。

2. 技能目标

1）根据设计需求选择合适的 3D 打印工艺。
2）根据精度、成本、时间等因素选择合适的成形工艺。
3）了解使用三维 CAD 软件创建三维模型的过程，能够设计并创建简单的三维模型。

3. 素养目标

1）培养学生严格遵守规范、精益求精的工匠精神。
2）提高学生正确认识问题、分析问题和解决问题的能力。
3）培养学生分析比较的能力，能够通过对不同打印工艺的比较，选择最合适的工艺。

光固化成形

一、光固化成形（SLA）

1. 光固化成形（SLA）的原理

光固化成形（Stereolithography Apparatus，SLA）是一种基于光聚合技术的 3D 打印工艺，它使用紫外线激光或光束照射在液体光敏树脂上，使树脂逐层固化而构建实体。SLA 技术在其工作原理上融合了数学化建模、计算机科学和材料科学的知识，以高度精密和可控的方式创建三维实体。SLA 3D 打印机如图 1-26 所示。

（1）数字化建模　数字化建模是 SLA 制造过程的第一阶段，是制作三维打印模型的基础，如图 1-27 所示。在这个阶段，设计师使用三维 CAD 软件进行建模，创造出待打印物体的三维模型。

三维 CAD 软件的选择是数字化建模的首要任务，这些软件不仅提供了强大的建模工具，还要与 SLA 3D 打印机的输出选项兼容。AutoCAD、SolidWorks、Rhino 等是常用的建模软件，它们为设计师提供了丰富的工具，使其能够在虚拟环境中准确地绘制三维模型。

图 1-26　SLA 3D 打印机

图 1-27　数字化建模

在建模阶段，设计师需要明确待打印物体的设计目标和参数设置，包括形状、尺寸、结构和表面特性等。这个阶段需要仔细考虑物体的用途和环境，以确保设计的实用性和可行性。

三维模型的创建是数字化建模的核心，它涉及基本几何形状的组合和变形，也可能包括更复杂的曲面建模和细节设计。设计师通过在模型上添加特征、切割、布尔运算等操作，逐步构建出符合设计要求的模型，如图 1-28 所示。

完成三维模型的创建后，设计师需要将模型分解成逐层的切片，以适应 3D 打印的工作原理。这一步骤将三维模型切割成数百乃至上千层的薄片，为 3D 打印提供了层层逐进的指导，以确保打印物体的每一部分都能被准确制造。

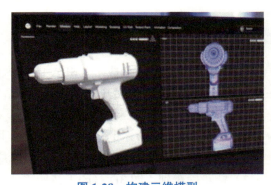

图 1-28　构建三维模型

导出文件是数字化建模的最后一步，设计师将文件导出成适用于 SLA 3D 打印机的文件格式，如 STL、OBJ、AMF 等。这些文件包含了三维模型的几何信息和逐层的打印指令，使其能够被 SLA 3D 打印机准确地读取和执行。

在导出文件之前，设计师通常进行优化和验证模型，以确保模型的质量和可打印性。这包括检查模型的尺寸、墙厚、支撑结构等，以及确保模型没有悬挂的部分或不合理的几何形状。优化和验证模型是数字化建模阶段的重要步骤，直接影响到后续打印的成功与否。

通过建模阶段，设计师能够在虚拟环境中精确地创造出三维模型，为之后的 SLA 3D 打印过程提供了关键的输入要素。这一阶段的精准性和创造性直接影响最终打印物体的质量和实用性。

（2）认识光敏树脂　光敏树脂是一种在光照条件下能发生光聚合反应的特殊高分子材料，广泛应用于 SLA 工艺，如图 1-29 所示，其化学构成和特性经过精心调整和优化，以在打印过程中提供可控的固化反应，从而实现高精度、高复杂度的 3D 打印。

这种树脂通常以液体形态存在，具有一定的流动性，使其能够均匀地分布在打印平台上。当受到紫外线激光或光束照射时，光敏树脂中的分子发生光聚合反应，形成交联结构，由液体逐渐转变为坚固实体。这种逐层的固化过程是SLA工艺的基础，为精密模型和零件的制造提供了理想的解决方案。

在制造光敏树脂时，制造商通常调控其光敏性、黏度、硬度等特性，以满足不同应用领域的需求。光敏树脂的光敏性决定了其对紫外线的响应速度和程度，黏度影响了树脂在构建制品过程中的流动性和均匀性，硬度则直接关系到最终打印制品的力学性能和稳定性。

（3）光固化过程　SLA的光固化过程精密且高效，其关键在于通过逐层固化液态光敏树脂来构建复杂的三维结构。这个过程始于数字化建模，完成后三维模型被切割成薄层，形成切片数据。每层切片代表了三维模型的一个水平层次，通过这种方式，三维模型被分解成多个可以逐层构建的基本单位。这些切片数据随后被加载到SLA 3D打印机中，开始光固化的过程，如图1-30所示。

图1-29　光敏树脂制品

图1-30　光固化过程

在打印开始之前，打印平台降低到液态光敏树脂池的表面。然后使用紫外线激光或光束照射特定区域的光敏树脂，引发光聚合反应，使其逐层固化。这个逐层的堆叠过程确保了三维模型的准确性，并能够在每一层中实现高度精确的控制。随着每一层的固化，打印平台轻微升高，以为下一层的固化提供空间。这个过程不断重复，直到整个模型被构建完成。需要注意的是，为了支撑悬挂或悬空部分，有时需要添加支撑结构，这些结构通常由未固化的光敏树脂构建。

整个光固化过程不仅精度高，还能够生成复杂的几何结构，这使得SLA技术成为制造高精度零部件的首选方法之一。在光固化完成后，制件通常需要进行一系列后处理，包括去除支撑结构、清洗未固化的残留树脂，并进行额外的处理以提高制件的强度和稳定性。

（4）后处理　SLA后处理是打印完成后对制件进行一系列处理的过程，旨在提高制件的表面质量、强度和最终外观。以下是SLA后处理的详细过程。

1）去除支撑结构。在光固化过程中，需要添加支撑结构来支撑悬挂或悬空的部分。在后处理阶段，这些支撑结构需要被去除。通常采用手动或机械方式，例如使用剪刀、刀具或钳子，小心地将支撑结构从制件表面分离，如图1-31所示。

2）清洗光敏树脂。打印完成后，制件上可能残留未固化的光敏树脂。为了确保制件的最终质量，需要将制件置于特殊的洗涤液中，如异丙醇或其他洗涤溶剂，以清洗掉未固化的光敏树

图1-31　去除支撑结构

脂，如图 1-32 所示。这一步骤有助于去除残留的光敏树脂，提高制件的表面质量。

3）紫外线（UV）固化。为了进一步确保制件的强度和硬度，可以进行额外的 UV 固化。如图 1-33 所示，将制件暴露在 UV 灯下，使其受到额外的光照，以加强树脂材料的固化程度，这有助于提高制件的耐久性和力学性能。

图 1-32 清洗光敏树脂

图 1-33 UV 固化

4）表面处理。制件表面在打印过程中会出现一些瑕疵，如层叠线或有凹凸不平现象。在后处理中，可以采用砂纸、打磨工具或其他表面处理工具对制件进行表面处理，以消除这些瑕疵，获得更加平滑和均匀的表面。

5）颜色处理。如果需要，可以在后处理阶段为制件添加颜色。这通常涉及特殊的染色或涂层过程，以实现所需的外观效果，如图 1-34 所示，这在一些艺术设计领域的应用中比较常见。

6）最终检查。在所有后处理步骤完成后，对制件进行最终检查，确保支撑结构已完全去除，表面质量满足要求、颜色均匀且制件的几何结构没有缺陷。

2. 光固化成形（SLA）的特点

SLA 作为 3D 打印技术的主流形式，引领着快速原型制作和小批量生产的发展。它所具有的特点使其在制造业、医疗、艺术设计和其他领域获得了极广泛的应用。

首先，SLA 技术的精度是其最为显著的特点之一。通过使用紫外线激光或光束逐层固化光敏树脂，SLA 能够实现高度精确的打印，包括微小细节和复杂的几何形状，如图 1-35 所示，这为高精度零部件的制造提供了理想的解决方案。在制造领域，这意味着工程师可以依靠 SLA 技术来制造与 CAD 模型完全匹配的物理模型，为产品开发和测试提供了精确的工具。

图 1-34 三维喷漆

图 1-35 SLA 3D 打印示例 1

其次，通过 SLA 技术打印的制件表面质量高，可以不需要额外的表面处理。逐层固化的方式保证了制件的表面光滑度，使其在外观上达到高品质的水平。这对于设计师来说尤为重要，因为他们可以获得更快速、直观的反馈，而无须在后处理中花费大量时间和资源。在一些要求模型具备良好外观的领域，如消费品设计和艺术创作领域，SLA 技术因其优越的表面质量而备受青睐，如图 1-36 所示。

图 1-36　SLA 3D 打印示例 2

复杂几何形状零部件的制造是 SLA 技术的又一突出特点。逐层固化的方法使得 SLA 技术能够轻松构建悬挂结构、内部通道和其他难以通过传统制造方法实现的复杂结构。在医疗领域，SLA 技术可用于制造个性化的医疗器械，例如，定制义齿或植入物，以适应患者的个体差异。同样，在航空航天领域，SLA 技术可以用于制造轻量、具有复杂形状的飞行部件，以提高飞行器的性能和燃油效率。

SLA 技术的打印速度相对较快，这在一定程度上提高了生产率。由于可以一次性在整个打印平台上同时固化多个层次，因此 SLA 技术在相同时间内能够完成更多的打印工作，这使 SLA 技术在需要大批量生产的场景中显得尤为高效。在制造业中，这有助于缩短生产周期，提高产品上市速度。

值得注意的特点是，SLA 技术对多种类型的光敏树脂的兼容性强，光敏树脂的多样性使得 SLA 技术适用于多种应用场景，通用型、透明型、弹性型等不同材料的选择使得 SLA 能够满足不同行业和应用的需求。在医疗领域，可以使用具有生物相容性的光敏树脂制作实物模型；在设计领域，可以选择透明的光敏树脂制作透明实物模型。

综合来看，SLA 技术以其高的精度、卓越的表面质量、复杂几何形状的制造能力、相对较快的打印速度以及多样化的材料选择等特点，为广泛的应用场景提供了可靠而灵活的解决方案。无论是在制造业中推动原型制作和生产创新，还是在医疗和设计领域实现个性化和精密制造，SLA 技术都展现了强大的应用潜力。

3. 光固化成形（SLA）的应用

SLA 作为一种成形精度高、表面质量优越的 3D 打印技术，已经在各个领域展现出强大的应用潜力。下面主要介绍 SLA 技术在制造业、医疗、设计艺术等领域的应用情况。

1）在制造业领域，SLA 技术广泛用于快速原型制作。制造企业使用 SLA 技术可以迅速生成产品原型，以验证设计概念、检查零部件配合度、测试其功能性等。这不仅缩短了产品开发周期，还降低了开发成本。SLA 技术的高精度和出色的表面质量确保了原型的准确性和外观质量，使其成为产品设计和改进的关键工具。尤其在设计领域，设计师可以使用 SLA 技术制作出精细和结构复杂的模型，如图 1-37 所示，用于展示产品设计、客户演示或设

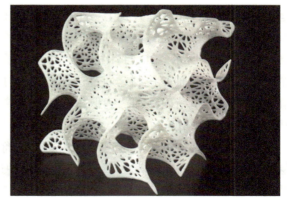

图 1-37　3D 打印镂空手板模型

计评审。这对于设计师来说是一种非常直观的方式，可以在短时间内验证和修改设计概念，从而提高实现效率。

SLA 技术同样也被用于小批量生产，对于高度个性化或复杂几何形状的零部件和产品，SLA 技术可以提供更灵活、高效的生产方案，制造商可以根据需求即时调整产品设计，并通过 SLA 技术迅速制造出高质量的部件，减少库存和浪费。

2）在医疗领域，SLA 技术可以用于生产个性化医疗器械和植入物，例如定制的义齿、人工关节和外部支架。通过扫描患者的身体部位，医生可以获取准确的形状和尺寸信息，SLA 技术能够基于这些数据制造出与患者个体特征完全匹配的医疗器械。这不仅提高了治疗效果，还减少了患者的不适感，缩短了所需的康复时间。在医学研究和教育方面，SLA 技术也为制造高质量的解剖模型和医学教学工具提供了便利。这些模型在手术规划、医学培训和教育方面发挥关键作用。医生和研究人员可以使用 SLA 技术打印出复杂的解剖结构，用于更好地理解疾病和手术过程。3D 打印医疗器械手板模型如图 1-38 所示。

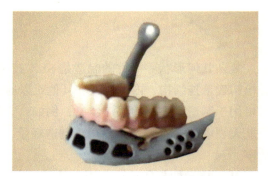

图 1-38　3D 打印医疗器械手板模型

3）在艺术领域，艺术家可以使用 SLA 技术创造出更具复杂性和细节感的艺术作品。这为艺术创作提供了新的可能性，推动了数字艺术和工艺的融合。

总地来说，SLA 技术在多个领域的广泛应用展示了其出色的灵活性、高效性和创新性。未来随着技术的不断发展，SLA 技术会在更多领域发挥其独特的优势，为各行各业的创新和发展提供支持。

二、熔融沉积成形（FDM）

1. 熔融沉积成形（FDM）的原理

熔融沉积成形

熔融沉积成形（Fused Deposition Modeling，FDM）是一种基于增材制造原理的 3D 打印技术，如图 1-39 所示。

该技术使用的是热塑性聚合物材料的塑料丝，最常见的材料包括 ABS 和 PLA，这些塑料丝通常被卷装在卷轴上，并通过挤出机供给 3D 打印机。挤出机的主要任务是将塑料丝加热到足够的温度，使其在喷嘴处变成可塑性液体状态。这需要将温度控制在材料的玻璃化转变温度以上，确保材料在喷射过程中保持足够的流动性。

一旦材料被加热到适当的温度，挤出机通过喷嘴将其逐层沉积在打印平台上。在一层沉积后，喷嘴的运动系统会将打印头提升到上一个位置，以开始上一层的打印。这一层层的堆叠过程构建了最终的三维物体，如图 1-39 所示。3D 打印机的运动系统通常由三个轴（X、Y、Z 轴）控制。通过这种方式，打印头能够在三维空间中精确移动，确保每层的沉积位置和形状都与数字模型相匹配。

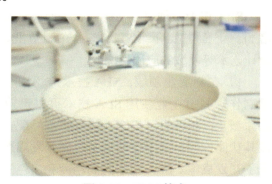

图 1-39　FDM 技术

每层的塑料在沉积后迅速冷却和固化，确保上一层的塑料能够稳固地附着在下一层之上。这种逐层沉积和固化的方式为 FDM 技术赋予了构建复杂几何形状的能力。在需要悬挂或悬空的部分，3D 打印机可以创建支撑结构以防止塑料丝失去支撑。通常使用与主实物模型相同的材料来构建这些支撑结构，打印完成后可以轻松将其去除。

2. 熔融沉积成形（FDM）的特点和应用

FDM 技术的突出特点之一是使用的材料种类多且价格便宜。用户可以选择多种热塑性聚合物材料，其中包括但不限于 ABS、PLA、PETG、TPE、TPU 等。这种多样性使得 FDM 技术可以适应不同的应用需求，满足用户对于材料特性的多样化要求，如图 1-40 所示。

其次，FDM 技术具有出色的定制化制造能力。通过逐层堆叠材料，FDM 技术可以直接根据数字模型制造出物理实体，无须传统制造过程中的模具或工具。这使得用户可以根据具体需求进行个性化定制，从而实现高度定制化的制造。这一特点对于原型制作、小批量生产以及个性化产品制造具有重要意义。

FDM 技术的制造过程相对简单，易于掌握。相较于其他 3D 打印技术，FDM 设备结构相对简单，操作便捷，这降低了技术门槛，使得更多领域的从业者能够轻松上手并运用该技术进行创新性制造，这也促进了该技术在教育和研发领域的广泛应用。应用 FDM 技术打印的建筑模型，如图 1-41 所示。

FDM 技术以成本低和效率高的优势而受到青睐。相较于其他 3D 打印技术，FDM 设备的购置和维护成本相对较低，这使得中小型企业和个体用户能够更容易地接受该技术。此外，FDM 技术通常拥有较高的打印速度，可在相对短的时间内完成物体的制造，提高了生产率。

PETG零件

ABS零件

ASA零件

图 1-40　在 FDM 3D 打印机上使用不同种类的塑料制成零件

图 1-41　应用 FDM 技术打印的建筑模型

FDM 技术能够实现大幅度的产品扩展，通过增加打印头和扩大打印平台的方式，提高制造效率。

三、直接金属激光烧结（DMLS）

1. 直接金属激光烧结（DMLS）的原理

直接金属激光烧结（Direct Metal Laser Sintering，DMLS）技术是一项高度先进的金属 3D 打印技术，其原理是利用激光烧结金属粉末的过程，如图 1-42 所示。在 DMLS 的工作流程中，材料的选择和准备、激光照射与局部熔化、激光烧结与层层堆积、加热与冷却控制、冷却后的处理、质检和精度控制等步骤共同构成了这一独特而高效的制造过程。

直接金属激光烧结

材料的选择与准备是 DMLS 技术的初始步骤。在这一过程中，需要选择适当的金属粉末，即高强度、高耐蚀性的金属合金，如钛合金、不锈钢和铝合金。这些金属粉末需要在每层被精确地铺设，确保打印过程中的细节和成形精度。

激光照射与局部熔化是 DMLS 技术的核心步骤。如图 1-43 所示，激光器通过镜片和透镜系统，将激光束精确聚焦到金属粉末的指定位置。这个准确定位过程非常关键，因为它决定了激光束的照射点，从而影响了每层的打印准确性。如果激光束准确定位到指定位置，激光器释放的高能量激光束就开始照射金属粉末。激光的高能量密度使金属粉末在瞬间被加热到其熔点以上，形成微小的液态金属熔融池，这些熔融池瞬间形成，并在激光束的移动下逐渐凝固。

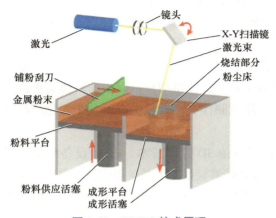

图 1-42 DMLS 技术原理

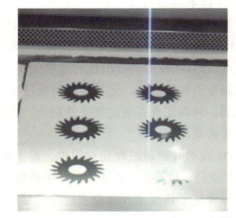

图 1-43 DMLS 技术中的激光照射与局部熔化

在激光烧结与层层堆积阶段，激光束的移动和局部熔融的过程重复进行，每次完成一层，直到完成整个三维物体的打印。这一分层制造的过程保证了对设计模型的准确还原，能够实现复杂几何结构的打印。

加热与冷却控制阶段实现对温度的精确控制，以确保金属粉末在熔化和固化过程中处于适当的温度范围内。这保证了金属材料的均匀处理，防止过热或过冷，确保了打印制件的质量。

冷却后的处理是 DMLS 技术的一个必要步骤。完成三维物体的打印，需要将其从 3D 打印机中取出，并进行去除未固化粉末、热处理以消除残余应力、表面抛光等后处理工艺，以确保最终的打印制件质量符合设计要求。

最后，质检和精度控制是 DMLS 技术实现高质量制造的关键环节。实时的质检过程确保每一层的金属粉末都得到了正确处理，从而保障了最终三维物体的质量和精度。

2. DMLS 的特点

DMLS 技术适用于多种金属材料的打印，每种材料都具有独特的性能，这使制造商能够选择最适合其应用需求的材料，从不锈钢到钛合金，再到铝合金和镍基合金，实现了打印材料的多样性和灵活性。

相对于传统的切削加工，如图 1-44 所示，DMLS 技术减少了材料的浪费，由于它基于增材制造原理逐层构建，只使用实际需要的材料，材料浪费最小化。这不仅符合可持续制造的原则，也有助于降低成本。

图 1-44 传统的切削加工

3. 直接金属激光烧结（DMLS）的应用

（1）复杂几何形状零件的制造　主要体现在 DMLS 技术几乎能够打印任何设计要求形状的物体。通过逐层的金属粉末烧结，制造商可以创建具有复杂内部结构和细致表面细节的零部件（图 1-45）。这种灵活性使得设计师能够实现高度复杂几何形状物体的打印，从而推动了产品设计和制造领域的创新。

（2）定制化生产　DMLS 技术的一个显著特点是它的定制化生产能力。制造商可以根据客户的具体需求生产个性化的金属零部件，无须为大规模生产调整生产线。这种个性化制造的能力对于医疗、航空航天和汽车等领域的定制化需求非常有价值，如图1-46所示。

图1-45 应用DMLS技术制成的零件

图1-46 利用DMLS技术定制化生产的涡轮盘零件

（3）快速原型制作　DMLS技术在快速原型制作方面具有独特的优势。通过该技术，设计师能够在短时间内制作出具有复杂结构和功能性的金属原型，从而缩短产品开发的周期。这对于产品设计的迭代和改进非常重要。

（4）高精度零部件的制造　DMLS技术能够实现微米级别的高精度制造，确保打印出的零部件与设计规格一致。这种高精度对于一些领域，如医疗器械和航空航天，具有重要意义，确保了制造的零部件能够满足极高的工程要求。利用DMLS技术制成的发动机喷嘴如图1-47所示。

（5）设计内部通道和空腔结构　DMLS技术允许在零部件内部设计复杂的通道和空腔结构。这为一些应用，如液体流体通道或轻量化设计，提供了新的可能性。设计者可以通过内部结构的优化实现更多功能和性能上的改进。

图1-47 利用DMLS技术制成的发动机喷嘴

（6）保持耐高温和耐蚀性能零件　通过DMLS技术制造的金属零件通常具有卓越的耐高温和耐腐蚀性能，使这些零件，如高温引擎部件或化工设备，在极端环境下表现出色，扩展了应用领域。

四、选择性激光烧结（SLS）

选择性激光烧结（Selective Laser Sintering, SLS）技术的成形材料是粉末材料，一般为金属粉末、陶瓷粉末等，其基本原理是利用激光器使粉末材料烧结并初步固化。首先刮板或滚筒在工作台上铺上一层粉末材料，并将其加热至略低于其熔点的温度，通过控制系统控制激光束按照该层的截面轮廓在粉层上扫描，使粉末的温度升至熔点，粉末间相互粘结，从而得到一层截面轮廓；当一层截面轮廓成形后，工作台就会下降一层的高度，接着重复铺粉、烧结的过程，循环进行上述过程，直至整个实体成形，如图1-48所

选择性激光烧结

图1-48 SLS技术

示。成形过程中，非烧结区的粉末仍呈松散状，可作为烧结件和下一层粉末的支撑部分。

SLS 技术具有以下优点：

1）成形零件的复杂程度高。由于材料是粉末状的，在成形过程中，未烧结的松散粉末可作自然支撑，容易清理，因此特别适用于生产有悬臂结构、中空结构以及细管道结构的零件。

2）材料种类广泛。从理论上讲，任何能够吸收激光能量而黏度降低的粉末材料都可以作为 SLS 的成形材料，包括金属、高分子、陶瓷、覆膜砂等粉末材料。

3）材料利用率高，成本低。在 SLS 打印过程中，未被激光扫描到的粉末材料可以被重复利用。因此，SLS 技术具有较高的材料利用率。此外，SLS 所使用的多数粉末的价格较便宜，如覆膜砂。因此，SLS 的材料成本相对较低。

4）无须支撑，容易清理。由于未烧结的粉末可以对成形件的空腔和悬臂部分起支撑作用，因此不必专门设置支撑结构，从而节省了材料，降低了制造能源消耗量，也使清理容易。

SLS 技术具有以下缺点：

1）制件表面相对粗糙，需要做后处理。由于 SLS 技术使用的材料是粉末，零件的成形是由材料粉层经过加热熔化而实现逐层粘结的，因此原型的表面是粉粒状，表面质量不高。陶瓷、金属制件的后处理较难，且其易变形，难以保证尺寸精度。

2）烧结过程中挥发异味。SLS 技术中的粉层粘结是需要激光能量使其加热而达到熔化状态的，高分子材料或者粉粒状材料在激光烧结熔化时，一般会挥发异味气体。

3）设备成本高。由于使用大功率激光器，除本身设备成本外，为使激光器能稳定地工作，需要不断地做冷却处理。激光器属于耗材，维护成本高，普通用户难以承担，主要集中在高端制造领域。

五、三维印刷技术

金属 3DP 铺粉与黏结剂喷射

三维印刷技术（Three-Dimensional Printing，3DP）又称为三维打印技术或喷涂黏结技术，是一种高速多彩的 3D 打印技术。3DP 技术与 SLS 类似，采用粉末材料作为成形材料，如陶瓷粉末、金属粉末等。二者不同的是 3DP 技术不是通过烧结将粉末材料连接起来的，而是通过喷头喷出黏结剂，将粉末材料按轮廓形状黏结成形。

具体工作过程：喷头在控制系统的控制下，按照所给的一层截面的信息，在事先铺好的一层粉末材料上，有选择性地喷射黏结剂，使部分粉末粘结，形成一层截面薄层；在薄层成形后，工作台下降一个层厚，进行铺粉操作，继而再喷射黏结剂进行薄层成形；不断循环，直至所用薄层成形完毕，层与层在高度方向上相互粘结并堆叠得到所需三维实体制件。

一般情况下，打印所得到的制件还需要进行后处理，对于无特殊强度要求的模型制件，后处理通常包括加热固化以及渗透定型胶水。而对于强度有特殊要求的结构功能部件以及各类模具，在对黏结剂进行加热固化后，通常还要进行烧结、液相材料渗透，以提高制件的致密度，从而达到各类应用对强度的要求。

思考与练习

在了解了 SLA、FDM 和 DMLS 三种主流 3D 打印工艺和 SLS、3DP 的原理、特点以及应用的基础上，试回答下面的问题。

1）3D 打印文件的格式有哪些？

2）3D 打印最早出现的成形技术是什么？

3）增材制造技术相比于传统减材制造技术的优势是什么？

任务三 了解 3D 打印技术的发展趋势

任务目标

本任务聚焦 3D 打印技术的发展趋势，介绍最新的技术创新和市场动向，3D 打印技术在智能制造、数字化制造中的作用，以及人工智能与 3D 打印的结合，引导学生对 3D 打印技术未来发展的前瞻性思考。

1. 知识目标

1）了解 3D 打印的市场动向和行业趋势。
2）了解 3D 打印在智能制造、数字化制造中的作用。
3）了解 3D 打印技术与其他技术的结合对产业变革的影响，如人工智能与 3D 打印技术的结合。

2. 技能目标

1）能够利用网络资源或专业数据库，收集和分析 3D 打印领域的最新技术动态和研究成果。
2）学会分析 3D 打印技术的市场趋势，以及行业未来的发展方向。

3. 素养目标

1）培养学生严格遵守规范、精益求精的工匠精神。
2）增强学生创新和探索意识。
3）培养学生前瞻性思考的能力，关注未来技术的发展。

一、3D 打印市场动向和行业趋势

1. 市场规模

随着科技的不断进步和制造业的转型，3D 打印技术成为引领产业革新的重要力量。过去十年里，全球 3D 打印技术市场规模呈现出强劲的增长趋势。根据国际市场研究机构的数据，2010 年全球 3D 打印市场规模约为 30 亿美元，而到 2020 年已经达到 145 亿美元。这表明市场规模在短短十年内增长了 4 倍，呈现出迅猛的发展态势。

从区域分布来看，北美地区一直是 3D 打印技术市场的主要推动者。美国和加拿大的制造业对于创新技术的采纳较快，推动了 3D 打印市场的发展。亚太地区也在逐渐崛起，中国、日本和韩国等国家在 3D 打印技术领域的投资和创新力度逐渐加大，市场份额逐渐上升。根据统计数据，如图 1-49 所示，2022 年全球 3D 打印产品及服务市场规模约为 154 亿美元；2023—2025 年全球 3D 打印市场增速将达到最高，即 23.7%；2025—2026 年达到 20.4%；到 2026 年，全球 3D 打印市场规模将超过 370 亿美元。

2021 年 10 月，全球领先的数据提供商 Xignite 发布了全球 3D 打印 Top 25 企业排名情况，泰国的 Cal-Comp Electronics 公司、日本的 Mitsubishi Paper Mills 公司与美国的 3D Systems 位居前三名；进入排行榜的中国大陆及港澳台地区企业有五家，分别为西安铂力特增材技术股份有限公司、永盛新材料有限公司、实威国际股份有限公司、武汉金运激光股份有限公司与力新国际科技股份有限公司。

市场规模的迅速增长得益于多方面的推动因素。首先，技术的不断创新为市场提供了源源不断

的动力。新材料、多材料的打印，高温打印等创新技术不断涌现，为行业注入新的活力。其次，全球范围内对于个性化和定制化产品的需求不断上升，推动了 3D 打印技术在制造业中的广泛应用。最后，可持续发展和环保理念的普及，使 3D 打印技术成为推动循环经济的重要工具。

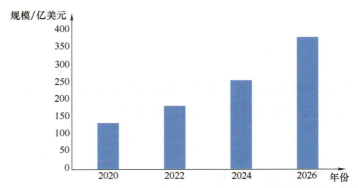

图 1-49　3D Hubs 平台对 2020—2026 年全球 3D 打印产品及服务市场规模的统计及预测

2. 市场发展趋势

（1）实现新材料和多材料打印　3D 打印技术的不断发展催生了各种新型材料，这些材料为制造业带来了更广泛的应用和更丰富的选择。除了传统的塑料和金属材料之外，新材料的研发加速了 3D 打印技术在医疗、航空航天、汽车等领域的应用。

1）生物可降解材料。生物可降解材料是一种在自然环境中能够降解和分解的材料。在医疗领域，生物可降解材料可以用于制造可吸收的医疗器械，如缝合线和植入物，避免了二次手术取出这些医疗器械的需要。此外，这些材料也在环保型产品中发挥着作用，符合可持续发展的理念。利用 PVA（聚乙烯醇缩乙醛）材料打印的支架如图 1-50 所示。

2）陶瓷材料。陶瓷材料的引入拓宽了 3D 打印技术的应用范围，特别是制造在高温、高压和腐蚀性环境下使用的零部件（图 1-51）。陶瓷制件具有优异的力学性能和耐高温性能，因此在航空航天和能源领域的应用逐渐增多。

图 1-50　利用 PVA 材料打印的支架　　　　图 1-51　利用陶瓷材料打印的耐高温零部件

3）复合材料。复合材料是由两种或两种以上不同种类的材料组成的，具有多种材料的优点。通过 3D 打印技术，可以将不同的材料粉末混合打印，创造出具有多重性能的复合材料制件。复合材料为制造出更轻、更强、更耐磨的零部件提供了可能。利用 ABS 碳纤维复合材料打印的机械手夹头如图 1-52 所示。

（2）生物 3D 打印技术的崛起　生物 3D 打印技术是一项具有创新性的制造技术，它利用 3D 打印技术原理，通过逐层堆积生物材料，构建具有生物学功能的三维结构，如图 1-53 所示。这项技术的崛起在医疗领域引起了巨大关注，为个性化医疗、组织工程和药物研发提供了全新的途径。

项目一 增材制造产业发展概论

图1-52 利用ABS碳纤维复合材料打印的机械手夹头

图1-53 生物3D打印技术1

生物3D打印技术的基本原理是将细胞、生物材料和支架材料按照设计的三维模型逐层堆积，形成具有生物活性的结构，如图1-54所示。这其中包括生物墨水的制备，生物墨水中通常包含活细胞、生长因子和支架材料。通过精密的控制和定位，3D打印机可以在三维空间中精确地排列生物墨水，从而构建出具有生物学活性的结构。

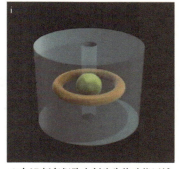

a) 在3D打印细胞中创建生物功能区域

b) 使用颗粒凝胶优化3D打印生物细胞

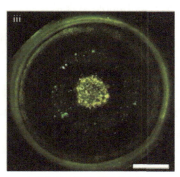

c) 将体积生物3D打印机与熔体支架相结合3D打印血管

图1-54 生物3D打印技术2

生物3D打印技术可用于制造个性化医疗器械，如人工关节、植入式器械等。通过采集患者的生物信息，结合生物3D打印技术，可以制造出更符合患者个性化需求的医疗器械，提高治疗效果和患者的生活质量。

生物3D打印技术为组织工程提供了前所未有的可能性。通过结合不同类型的细胞和支架材料，可以构建出具有生物相容性和生物活性的组织结构。这为器官移植、组织修复等领域带来了巨大的突破。

生物3D打印技术可以用于模拟人体器官的微环境，为药物研发提供更真实的体外试验平台。研究人员通过生物3D打印技术构建人体组织结构，用于药物的测试和评估，从而提高药物研发的效率。

二、3D打印在智能制造中的作用

智能制造是一种集成了信息技术、先进制造技术、自动化技术和人工智能技术的制造模式，旨在实现制造过程的数字化、网络化和智能化。3D打印在智能制造中的重要性和地位不容忽视，3D打印技术作为智能制造的一种重要手段，具有独特的优势和潜力。

1）3D打印技术能够实现从设计到制造的无缝对接。传统的制造过程需要经过多个环节，如设计、加工、组装等，而3D打印技术可以直接将设计数据转化为实体产品，省去了中间的加工和组装环节，大大缩短了产品开发和制造的周期。这种快速响应市场的能力使智能制造更加灵活和高效。

2）3D打印技术能够制造出高复杂度、高精度的产品。传统的制造技术很难制造出具有复杂结构和高精度的产品，而3D打印技术则可以通过精确地层层堆积材料来实现这一目标，这种能力使智能制造技术能够生产出更加精细和高质量的产品，满足消费者对个性化、高品质产品的需求，推动制造业高质量发展。

3）3D打印技术还具有材料选择的广泛性。从塑料到金属材料，甚至是生物材料，都可以通过3D打印技术来实现。这种广泛的材料选择使智能制造能够应对不同行业的需求，实现跨领域的创新和应用。

4）3D打印技术还能够实现生产过程的自动化和智能化。通过引入自动化和机器人技术，3D打印工厂可以实现24小时不间断的生产，提高了生产率和制造能力。同时，通过集成人工智能技术，3D打印工厂还可以实现智能调度、智能监控和智能维护等功能，进一步提高了生产过程的智能化水平。

随着科技的不断发展，3D打印技术将在智能制造中发挥越来越重要的作用，持续推动制造业的转型升级和高质量发展。

三、3D打印在数字化制造中的作用

1. 数字化设计与仿真

数字化制造强调数字化设计和仿真，而3D打印是数字化设计的理想工具。设计师可以使用CAD软件创建数字模型，如图1-55所示，然后通过3D打印手段将这些数字模型转化为实体，进行物理原型验证。

图1-55　创建数字模型

数字化设计通常涉及更为复杂的产品形状和结构，而3D打印能够轻松地实现复杂几何形状和自由度的设计。传统制造方法可能受限于工具和模具的制造，而3D打印则能够将设计师的创意直接转化为现实，提高了产品的设计自由度。

在数字化仿真中，不仅要考虑产品的形状和结构，还需对材料的性能进行全面评估。3D打印技术支持多种材料的打印，包括塑料、金属、陶瓷等，设计者可以根据仿真结果选择最适合产品需求的材料，实现更精准的仿真分析。

数字化仿真得出满意的结果后，设计师可以通过3D打印迅速制造出小批量产品进行实际测试，以验证产品在实际制造中的可行性，为批量生产提供更充分的依据。根据验证结果，设计师能够实时调整设计，不断优化产品的性能和质量。

2. 柔性生产线

柔性生产线是一种能够适应不同产品和生产需求的制造体系，而3D打印技术在柔性生产线上

的应用为制造业带来了革命性的变革。从快速原型制作到小批量生产，再到即时生产零部件和提供个性化定制，3D 打印技术在柔性生产线上展现出了独特的优势，如图 1-56 所示。以下是对这些应用的详细说明。

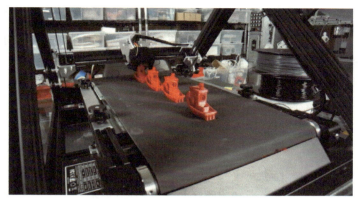

图 1-56　无限 Z 轴 FDM 3D 打印机小批量生产

3D 打印技术在柔性生产线上发挥作用的领域之一是快速原型制作。在产品设计的早期阶段，制造商可以使用 3D 打印技术迅速制作出实物原型，如图 1-57 所示。这样的原型不仅能够帮助设计师更好地理解产品的外观和形状，还可以用于功能测试和实际使用体验的评估。

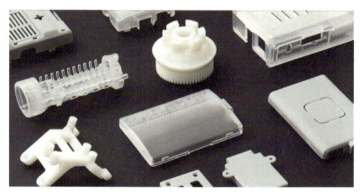

图 1-57　3D 打印模型

在设计的过程中，制造商常常需要对产品进行多次迭代，以达到最优化的设计。基于 3D 打印技术的快速原型制作能够大大加速这一过程，设计师可以通过 CAD 软件创建产品的数字模型，然后使用 3D 打印设备将其转化为实体原型，这使设计团队能够在短时间内验证新设计的可行性，快速进行产品的改进和优化。

小批量生产是柔性生产线的重要应用之一，3D 打印技术为小批量生产提供了理想的解决方案。在传统制造方法中，模具的制作成本可能限制了小批量生产的经济性。而 3D 打印技术无须模具，可以在较短时间内启动小批量生产，降低了生产的初始成本，这使制造商能够更灵活地应对市场需求的变化，生产更具竞争力的产品。

在柔性生产线上，即时替换生产零部件十分重要。设备故障或部件损坏可能导致生产中断，传统制造方法可能需要数天甚至数周的时间来制造替代零部件。然而，3D 打印技术可以即时制造替代零部件，通过快速的生产能力和仓储管理数字化，制造商可以在设备故障时迅速响应，降低停机时间，提高生产率。

个性化定制是消费者市场的一大趋势，也是柔性生产线上应用 3D 打印技术的重要方向之一。传统制造方式往往难以满足个性化产品的制造需求，而 3D 打印技术可以根据客户的具体需求进行定制生产，通过将数字化设计与 3D 打印技术结合，制造商能够为客户提供个性化的产品，满足不同消费者的独特需求。

柔性生产线对各种工具的需求是不可忽视的，3D 打印技术为制造商提供了设计和制造各种工具的灵活性。设计团队可以根据实际需求，通过 CAD 软件设计出符合特定要求的工具，并通过 3D 打印设备将其制造出来，这种定制化的生产方式可以提高生产线的适应性和效率。

零库存生产是柔性生产线的一个重要特点。在传统制造方式中，为了应对生产不确定性，制造商常常需要大量的库存。而柔性生产线上的 3D 打印技术支持按需生产，降低了库存成本。产品可以在需要时进行生产，避免了因库存积压导致的资金占用和仓储成本的增加。

快速产品迭代是柔性生产环境下非常重要的一环。市场需求的变化、技术的更新都要求制造商能够迅速调整产品设计。基于 3D 打印技术的快速原型制作和产生的灵活方式，使制造商能够在柔性生产线上更加迅速地响应市场的变化，加速产品设计的迭代过程。

四、人工智能与 3D 打印的结合

人工智能（Artifical Intelligence，AI）在 3D 打印中的应用不仅局限于现有的材料应用和结构设计，还推动了材料科学和工程设计的创新。

1. 拓展材料应用

AI 技术为 3D 打印技术开发新型复合材料提供了强大的支持，AI 技术能够分析各种材料的特性、性能和行为，并根据这些信息提出全新的材料组合。通过深度学习算法，系统可以理解不同材料的微观结构和化学成分，从而预测它们在特定应用中的表现。这种创新使 3D 打印设备制造商能够创造出更轻、更坚固、更耐磨或具有其他特殊性能的材料，从而拓宽了 3D 打印的应用领域，以适用于各种 3D 打印应用。

2. 智能设计和优化结构

AI 技术与 3D 打印技术的结合在智能设计和优化结构方面展现了巨大的潜力，为制造业带来了创新和效率的飞跃。这一结合使制造过程更加灵活、具有自适应性，同时推动了产品设计的智能化和个性化创新。

AI 技术通过对大量设计数据的学习，能够辅助工程师和设计师生成更具创新性的设计。在应用 3D 打印技术过程中，AI 可以分析过去的设计案例、材料性能、制造过程数据，为设计过程提供启发。生成式设计是其中的一项重要应用，AI 系统通过学习大量设计规则和制约条件，自动生成多个可能的设计方案，帮助设计者在更短的时间内找到最优解。

AI 技术在结构设计与优化方面的应用使产品能够以更有效的方式利用材料，通过机器学习算法，系统可以分析产品的受力情况，预测应力分布，并提出优化设计方案。这有助于创建更轻量、更高强度的结构，提高产品性能。在应用 3D 打印技术过程中，这种结构优化能够最大程度地发挥材料的特性，减少浪费，并在保持产品强度的同时降低产品重量，如图 1-58 所示。

总之，不同的打印材料在熔融、固化、硬化等方面表现出不同的特性，利用 AI 技术，通过分析不同材料的物理、化学性质，预测材料在特定条件下的性能，预测材料的行为，设计者可以更好地选择适合特定任务的材料，优化产品的性能。另外，通过对产品表面的扫描和图像分析，系统能够检测到产品潜在的缺陷，并在制件过程中进行修复，这有助于提高产品质量，降低废品率。AI 技术还能够优化整个增材制造流程，通过分析生产过程中的数据，系统能够找到生产瓶颈，提高生产率，这种全局的优化有助于使增材制造过程更加智能、高效。

项目一　增材制造产业发展概论

图 1-58　AI 深度学习分析产品受力情况并 3D 打印制件

思考与练习

本任务围绕 3D 打印技术的市场动向、行业趋势、与其他技术的融合，介绍了 3D 打印技术的发展趋势。试回答下面的问题。

1）3D 打印技术在不同行业的应用有哪些？

2）3D 打印技术的革命性主要体现在什么地方？

3）结合 AI 技术，谈谈你对未来 3D 打印技术发展的认识？

项目评价单

任务	评价内容	分值	评分要求	得分
认识 3D 打印	1. 认识 3D 打印的定义、特点、关键步骤以及打印材料等 2. 认识 3D 打印技术的历史演进 3. 认识当前 3D 打印技术的应用领域	30	未完成一项扣 10 分	
了解 3D 打印工艺的分类	1. 认识 SLA 技术 2. 认识 FDM 技术 3. 认识 DMLS 技术	30	未完成一项扣 10 分	
了解 3D 打印技术的发展趋势	1. 认识 3D 打印市场动向和行业趋势 2. 认识 3D 打印在智能制造中的作用 3. 认识 3D 打印在数字化制造中的作用 4. 认识人工智能与 3D 打印的结合	40	未完成一项扣 10 分	
	总分			

项目二

3D 打印设备操作与装调

项目导入

项目二为引入 3D 打印设备的学习,通过九个任务介绍了 FDM 3D 打印机的操作与装调。任务一通过一个创意与科技结合的实例带领读者感性认识 3D 打印机的切片原理和学习切片软件并打印制作。任务二至任务五选自行业代表企业生产线典型真实工作任务——Y 轴组件、X-Z 轴组件、送丝机构等各结构与整机的装配,深入了解 3D 打印机的组装过程,这不仅有助于提升工作效率,而且在出现故障时,能够更迅速、准确地进行排查与维修,从而实现设备的持续优化和性能提升。任务六运用前面所学的知识和技能,结合企业实际售后订单中的 3D 打印机故障案例,对出现故障的设备进行精准的故障排除和高效的维护,通过实际操作不断优化维修流程和技术,应对未来可能出现的各种 3D 打印机故障。任务七深入学习送丝机构和 X 轴机构中关键零件的选型方法,能够根据各种使用需求,精确选择最合适的零件,从而实现结构的优化。任务八深入研究不同结构的 3D 打印机各自的工作原理和优缺点,为不同的应用场景选择最合适的 3D 打印机,进而实现工作流程的优化和成本的降低。任务九为进阶学习,对 3D 打印机装配过程中出现的喷头滑块晃动、打印平台中间低四周高、Z 轴限位开关等进行调试。通过项目二的学习,读者将理论知识与实践经验相结合,为后续学习 3D 打印在医疗健康领域的应用提供了必要的技能和知识储备。

对接 1+X 证书内容:本项目对应《增材制造设备操作与维护职业技能等级标准》中增材制造设备保养与维护这一工作领域,如下所示:

工作任务	职业技能要求
设备保养与维护	能对增材制造设备进行机械与电气联动调试
	能够根据工作任务要求,检测机构运动精度、重复定位精度、垂直度等并进行调整

任务一 初识 FDM 3D 打印制作喷气式发动机手办模型

面向岗位工作描述

本任务以喷气式发动机手办模型为载体,通过对其各部件的打印与组装,掌握典型 3D 打印机的使用方法以及 FDM 3D 打印机的工作原理，能够利用切片软件对模型进行前处理，掌握不同类型模型的处理与切片方法，并且明确成形制件的后处理工艺，激发学生科技强国的使命感。

任务目标

依据作业指导书，完成喷气式发动机手办模型（图 2-1）的打印制作，要求材料为 PLA，成形精度适中，需要进行适当后处理操作。

图 2-1 喷气式发动机手办模型

1. 知识目标

1）掌握 FDM 3D 打印的切片处理工艺和成形制件的后处理工艺。
2）掌握 FDM 3D 打印机的工作原理和使用方法。

2. 技能目标

1）能够使用切片软件处理模型数据。
2）能够操作典型 FDM 3D 打印机进行零件打印。

3. 素养目标

1）培养学生遵守规范、精益求精的工匠精神。
2）提高学生正确认识问题、分析问题和解决问题的能力。
3）学生树立正确的劳动观念。

随着 3D 打印技术的迅猛发展，FDM 技术以其出色的打印速度成为 3D 打印中最为常用和广泛应用的一种方法。

一、FDM 3D 打印的工作原理

3D 打印机原理

采用 FDM 技术打印时，加热喷头在计算机的控制下，根据产品零件的截面轮廓信息，做 XY 平面运动，热塑性丝状材料由供丝机构送至热熔喷头，在喷头中加热和熔化成半液态，然后被挤压出来，有选择性地涂覆在工作台上，快速冷却后形成一层大约 0.127mm 厚的薄片轮廓。一层截面成形完成后，工作台下降一定高度，再进行下一层的熔覆，好像一层层地"画出"截面轮廓，如此循环，最终形成三维产品零件。FDM 3D 打印机的结构及实物图如图 2-2 所示。FDM 技术的特点见表 2-1。

项目二　3D打印设备操作与装调

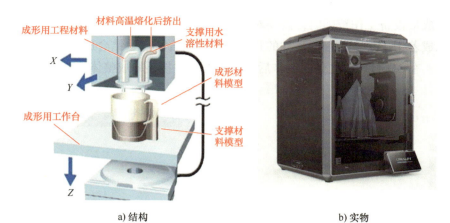

a) 结构　　　　　　　　　　　b) 实物

图 2-2　FDM 3D 打印机的结构和实物图

表 2-1　FDM 技术的特点

优点	成本低	FDM 技术用液化器代替了激光器，设备费用低；原材料的利用效率高且没有毒气或化学物质污染，使得成本大大降低
	速度快	原材料以材料卷的形式提供，易于搬运和快速更换
	简单易行	采用水溶性支撑材料，使得去除支撑结构简单易行，可快速构建复杂的内腔、中空零件以及一次成形的装配结构件
	范围广	可选用多种材料，如各种色彩的工程塑料 ABS、PC、PPS 及医用 ABS 等
	质量好	原材料在成形过程中无化学变化，制件的翘曲变形小
	集成化	用蜡成形的原型零件，可以直接用于熔模铸造
缺点	精度低	原型的表面有较明显的条纹，成形精度相对较低，最高精度有 0.127mm
	强度欠缺	沿着成形轴垂直方向的强度比较大
	需支撑	需要设计和制作支撑结构
	时间稍长	需要对整个截面进行扫描涂覆，成形时间较长，成形速度比 SLA 慢 7% 左右
	材料贵	原材料价格昂贵

二、三维模型的处理

1. 三维模型的格式与处理

STL 文件是目前 3D 打印机使用最多的数据接口格式，通常可以直接利用三维建模软件，如 Pro/E（Creo）、UG（NX）等建模后进行格式转换，即将输出格式设定为 STL 格式。

在增材制造系统中，切片处理及切片软件是极为重要的。切片的目的是将模型以片层方式来描述。通过这种描述，无论零件多么复杂，每一层均是很简单的平面。

切片处理是将计算机中的几何模型变成轮廓线来表述的过程。这些轮廓线代表了片层的边界，它是由一系列的环路组成的，每个环路又是由许多点组成。常用的切片软件如图 2-3 所示，它的主要作用是接收正确的 STL 文件，并生成指定方向的截面轮廓线和网格扫描线。

2. 切片处理工艺

（1）零件的分割和拼合　当零件结构复杂，设置的支撑结构无法去除或零件的

熔融堆积成形技术工艺参数控制

尺寸太大，超出成形设备工作范围时，需要对零件进行分割和拼合。在打印成形之前，首先要将零件三维模型分割成若干子块，并根据零件的几何特征和组合特点，结合成形设备的工作范围，确定子块分割的数目，在3D打印机上依次制作后，将各部分拼接还原成整体原型。

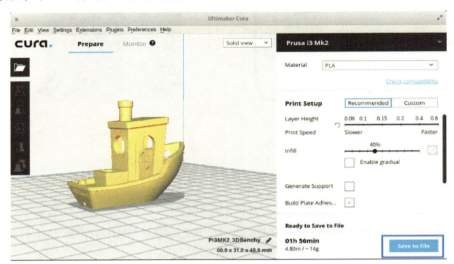

图2-3　切片软件Cura

（2）成形方向的选择　切片过程中的STL模型的定向决定了模型的成形方向，即成形时每层的叠加方向，它是影响原型成形精度、制作时间、制作成本、原型强度以及制作过程中是否需要设置支撑结构、支撑结构设置多少个等的重要因素。因此，在成形前首先要选择一个优化的成形方向（分层方向）。成形方向的选择一般遵循以下原则：

1）垂直面的数量最大化。
2）法线方向向上的水平面最大化。
3）零件中孔的轴线平行于加工方向的数量最大化。
4）平面内曲线边界的截面数量最大化。
5）加工基面的面积最大化。
6）斜面、悬臂结构的数量最少。

（3）添加支撑结构　3D打印技术最大的特点就是能加工任意复杂形状的零件，但其层层堆积的特点决定了原型在成形过程中必须具有支撑，3D打印工艺中所用的支撑结构相当于传统机械加工中的夹具，起固定零件的作用。有些成形工艺的支撑结构是生产过程中自然产生的，如SLS中未烧结的材料、3DP中未粘结的粉末都将成为下一层的支撑结构。而FDM和SLA必须由人工添加支撑结构或通过软件自动加支撑结构，否则，在分层制造过程中，当上层截面大于下层截面时，上层截面多出的部分由于无材料的支撑将会出现悬空，从而使多出的截面部分发生塌陷或变形甚至使零件不能成形。支撑还有一个重要的目的：建立基础层。在工作平台和原型的底层之间建立缓冲层，使原型制作完成后便于剥离工作平台。此外，基础支撑还可以给制造过程提供一个基准面。所以FDM 3D打印的关键一步是添加支撑结构。

三、打印喷气式发动机手办模型

掌握了相应的知识后，接下来进行喷气式发动机手办模型的打印实战，主要分为前期准备、打印过程、后处理三个主要阶段。

1. 前期准备

（1）确定打印需求　制作一个喷气式发动机的艺术手办模型，该模型需要较高的精度和细节，以更好地展示发动机的内部结构（图2-4）和工作原理。打印材料选用PLA材料，该材料环保且易于成形，后处理相对简单。

图2-4　喷气式发动机内部结构

（2）设计模型　为确保发动机模型的比例和尺寸精确，使用三维CAD设计软件（如SolidWorks、NX、Rhino）进行喷气式发动机模型的设计，并根据FDM工艺的特点对结构进行优化设计（图2-5）。

图2-5　喷气式发动机模型

（3）模型优化　去除模型上不必要的支撑结构，将细小的部件合并，将模型中间部分进行掏空减重（图2-6），检查模型是否存在不合理的结构并修复。

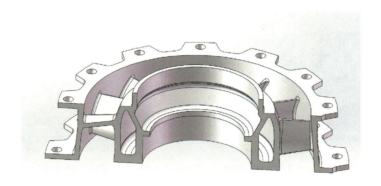

图2-6　喷管部件掏空减重

（4）选择打印机　考虑到喷气式发动机外壳的尺寸较大且该部件较薄，不适合做分件打印，打印的难度较大。像龙门式、悬臂式、三角洲式打印机并不适合该部件的打印，而箱式 3D 打印机相比其他机型打印过程中受外界干扰小，温度更稳定，最终选择使用箱式 FDM 3D 打印机（图 2-7）打印喷气式发动机模型。该箱式 3D 打印机的成形尺寸为 220mm×220mm×250mm，打印速度最高达到 600mm/s，CoreXY 运动结构更稳定。

（5）准备打印材料　打印材料使用 1.75mm 的 PLA 材料（图 2-8），可多准备几种色彩打印，使得最终成品更美观，内部结构更清晰明朗。

图 2-7　箱式 FDM 3D 打印机

图 2-8　打印材料

2. 打印过程

（1）切片处理　使用该箱式 3D 打印机配套的切片软件 Creality Print，将设计好的喷气式发动机模型导入到切片软件，由于部件数量较多需要分多次进行打印，以正确的方向摆放部件模型位置（图 2-9）。接下来设置模型打印的切片参数，层高设置为 0.2mm，填充密度设置为 20%，打印速度设置为 300mm/s，打开树状支撑，设置完成后进行切片并预览检查模型的切片情况（图 2-10）。

图 2-9　摆放部件模型位置

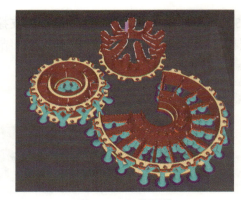

图 2-10　切片预览

（2）3D 打印机设置　将 3D 打印机开机，连接切片软件，将切片生成的 G 代码文件通过网络传输到 3D 打印机中。检查 3D 打印机喷头挤出是否正常，打印平台是否处于水平状态，清空打印平台，并在打印平台上为打印区域粘涂胶水（图 2-11）。

（3）开始打印　选中将要打印的文件，勾选"打印校准"，单击"打印"按钮开始打印（图 2-12）。期间监控打印过程，确保打印顺利进行。

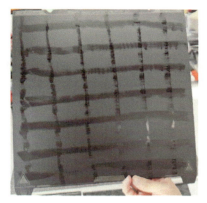

图 2-11　打印区域粘涂胶水

图 2-12　开始打印

（4）打印完成　打印完成后，取出模型（图 2-13）。

3. 后处理

（1）模型处理　使用工具（如斜口钳、镊子、刀片等）小心地去除模型上的支撑结构，注意不要损坏模型的表面。去除支撑后对模型进行打磨和抛光，以提高制件表面质量（图 2-14）。如果需要，可以进行上色处理，使模型更加逼真。

图 2-13　打印完成的喷管部件

图 2-14　处理后的喷管部件

（2）检查和测试　对处理后的模型进行检查，确保其符合设计要求和预期效果。依次将所有部件打印，如果某一部件存在问题，需对其进行修复或重新打印，最终完成喷气式发动机手办模型的组装（图 2-15）。

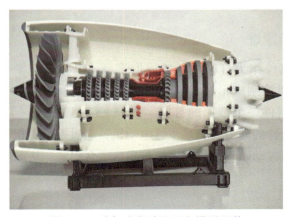

图 2-15　喷气式发动机手办模型组装

思考与练习

在了解了 3D 打印技术的基本原理和切片处理的相关知识的基础上，试回答下面的问题。
1）相较于传统制造，FDM 技术的优势有哪些？
2）三维模型的输出格式为何设置为 STL 格式？
3）简述切片处理工艺流程。

任务二　FDM 3D 打印机 Y 轴组件的装配

面向岗位工作描述

本任务选自行业代表企业某生产线典型真实工作任务——Y 轴组件的装配，要求掌握 Y 轴组件工作原理、底部框架与 Y 轴组件的组成，能够完成 Y 轴组件的装配。

任务目标

以自下而上的方式完成 FDM 3D 打印机 Y 轴组件的装配。

1. 知识目标

1）理解 Y 轴组件的工作原理。
2）理解 Y 轴组件各零部件的名称以及功能。
3）理解 FDM 3D 打印机 Y 轴组件正确的装配流程。

2. 技能目标

1）掌握 Y 轴组件的结构组成及原理。
2）能完成 Y 轴组件的装配。

3. 素养目标

1）培养学生遵守规范、精益求精的工匠精神。
2）提高学生正确认识问题、分析问题和解决问题的能力。
3）学生树立正确的劳动观念。

一、Y 轴组件的工作原理

Y 轴机械原理

Y 轴组件作为打印材料的成形平台（也称打印平台），在承载成形制件的同时，还需要控制成形制件在 Y 轴方向上的平移运动，通过与 X 轴组件的配合，实现成形制件一个截面的打印。

Y 轴组件的动力装置是步进电动机，通过控制主板传递脉冲信号，控制步进电动机旋转以带动同步带，同步带与成形平台固定，从而使成形平台形成径向位移。

二、Y 轴组件的结构

Y 轴组件由铝型材、滚轮、热床套件、调平螺母、限位开关、同步带等组成。

1. 铝型材

铝型材主要为铝合金材质，如图 2-16 所示，具有较强的耐蚀性、可加工性、可成形性以及重量轻等优点，主要用于 Y 轴组件的底部支撑和作为 3D 打印机的框架固定，通过螺纹孔、螺钉与梯形螺母等标准件的配合实现组件外形结构的搭建。常见的型号有 4040、2020、2040 等。

2. 滚轮

热床在铝型材上的移动主要依靠滚轮。Y 轴组件滚轮的分布如图 2-17 所示，滚轮通过其外圈与铝型材接触，将运动方式由滑动转变为滚动，从而保证运行的稳定。滚轮由外圈和内孔两个部分组成，如图 2-18 所示，外圈为塑料、橡胶等可增大摩擦力的材料，内孔里装有一个或多个轴承，以实现运动方式的改变。

图 2-16　铝型材

图 2-17　Y 轴组件滚轮分布图

图 2-18　滚轮

3. 热床套件

热床是 FDM 3D 打印机特有的配件，主要目的是防止成形制件的翘边。翘边是因为材料冷却温度不同，导致部分材料收缩而引起的。热床由碳晶硅玻璃、加热铝板（图 2-19）、加热电阻等组成。热床通过电阻效应发热，能保持一个较高的温度，能够防止在打印过程中材料的冷却，从而减轻制件翘边的情况。PCB 热床如图 2-20 所示。

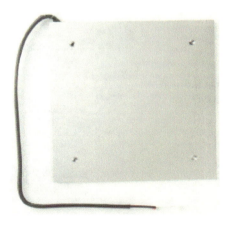

图 2-19　加热铝板

图 2-20　PCB 热床

4. 调平螺母

热床在整个 3D 打印过程中都需要保持平整，以避免出现倾斜等平整度问题而导致成形制件断层或脱料。调平螺母位于热床的四个角，且内嵌有螺母，可通过旋紧或放松螺母来调节热床高低，最终实现热床在水平方向的调节。

5. 限位开关

限位开关又称位置开关，是一种电器元件，这类开关被用来限制机械运动的位置或行程，使运动机械按一定位置或行程自动停止、反向运动、变速运动或自动往返运动等。在 Y 轴组件中，限位开关主要用于限制热床的移动路径，避免热床超出行程而导致打印失败。

6. 同步带

步进电动机一般是连接到同步带、丝杠一类传动组件，来将圆周运动变换为直线运动以进行相应工作的。同步带与丝杠起到相同作用，同步带还需要带轮来配合工作，带轮的齿距与齿数决定了导程，如果要大行程、高精度的传动效果，例如工业级 3D 打印机，就需要丝杠了。同步带传动综合了带传动、链传动和齿轮传动的优点。转动时，通过带齿与带轮齿槽的啮合来传递动力。同步带传动具有准确的传动比，无滑差，可获得恒定的速比，传动平稳，能吸振，噪声小，传动比范围大，一般可达 1∶10。

三、Y 轴组件的装配

Y 轴组件的装配步骤见表 2-2。

表 2-2　Y 轴组件的装配步骤

装配内容	操作步骤	工具	图例
1. 安装底部框架	1）取底部铝型材（左部、右部、中部），按品质要求确认其结构、外观		
	2）取四个 M5×45mm 内六角圆柱头螺钉，用电钻将左、右部铝型材锁紧固定在中间铝型材上（注意：螺钉需从铝型材上面沉头孔端锁入）	电钻[4mm 钻头，转矩为 (28.5±1) kgf[①]·cm]	 

项目二 3D打印设备操作与装调

（续）

装配内容	操作步骤	工具	图例
1. 安装底部框架	3）取4040铝型材端面盖板安装至左、右部型材无螺纹孔端，并用锤子敲紧	锤子	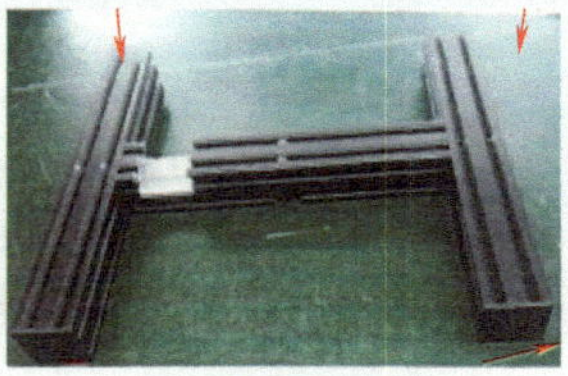
	4）核对产品的结构与外观		
2. 安装Y轴导向组件	1）取Y轴导向组件，并将同步带从铝型材中心孔穿过		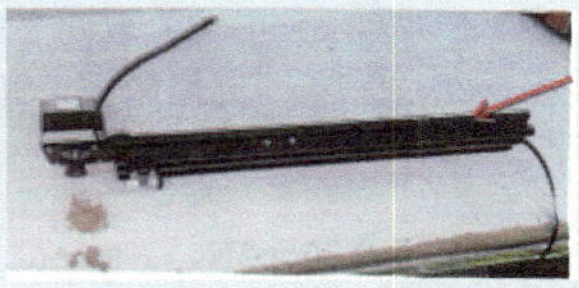
	2）确认底部框架的安装质量后，取两个M5×45mm内六角圆柱头螺钉，用电钻将Y轴导向组件锁紧固定在底部框架中间铝型材上	电钻[4mm钻头，转矩为(28.5±1)kgf·cm]	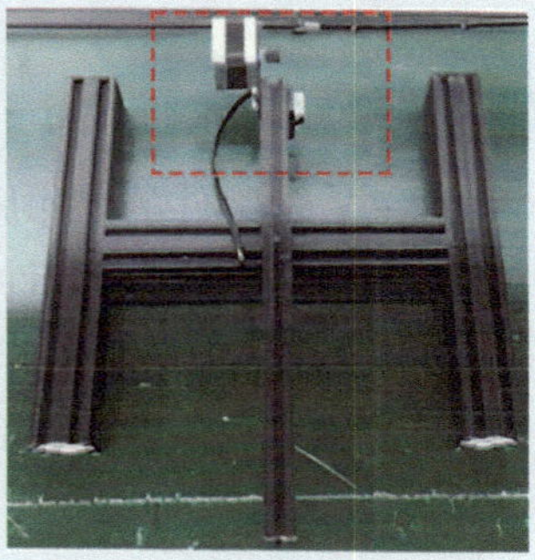
	3）取4个脚垫分别紧贴至框架左、右部铝型材两端（注意：脚垫需与铝型材端面平齐，不可歪斜）；取滑块板组件滑入Y轴型材上（无须调试）		
3. 安装Y轴被动块组件	1）确认Y轴组件的安装质量后，调试好滑块板顺畅度，将Y轴电动机端同步带绕过电动机同步带轮（齿啮合），卡入滑块板近端卡槽	开口扳手（10mm）	
	2）取Y轴被动块组件，将同步带另一端穿过Y轴被动块组件并绕过其轴承，卡在滑块板另一端卡槽内，同时Y轴被动块组件装在Y轴铝型材上，调试好同步带松紧度后锁紧Y轴被动块组件于Y轴铝型材上	1. 电钻[6mm钻头，转矩为(36±1)kgf·cm] 2. 套筒扳手（13mm） 3. 锤子	

（续）

装配内容	操作步骤	工具	图例
4. 安装热床板	1）检查 Y 轴被动块组件的安装质量，确认无误后将热床板套件固定至底部框架滑块板上（注意：热床端子线束位于左上角靠近 Y 轴电动机端）		
	2）用三个 M4×35mm 十字槽沉头螺钉依次穿过热床板，套入弹簧穿过底部框架滑块；热床端子线引出端依次穿过热床板、弹簧、固定座、底部框架滑块		
	3）取四个翼形螺母拧进螺钉，拧紧后固定热床板，完工后将热床端子线卡入固定座内	电钻［3mm 钻头，转矩为（26±0.3）kgf·cm］	

① 1kgf=9.80665N。

思考与练习

了解 Y 轴组件的工作原理、组成以及装配流程，回答下面的问题。
1）FDM 设备打印制件底部容易产生翘曲变形的原因是什么？
2）Y 轴限位开关在 Y 轴组件中起到什么作用？
3）Y 轴组件上打印平台的移动是如何实现的？

任务三 FDM 3D 打印机喷头组件的装配

面向岗位工作描述

本任务选自行业代表企业某生产线典型真实工作任务——喷头组件的装配，要求掌握喷头组件的工作原理，明确喷头组件的结构组成，能够完成喷头组件的装配。

任务目标

以自下而上的方式完成 FDM 3D 打印机喷头组件的装配。

1. 知识目标

1）理解喷头组件的工作原理。
2）理解喷头组件各零部件的名称以及功能。
3）理解典型 FDM 3D 打印机喷头组件正确的装配流程。

2. 技能目标

1）掌握喷头组件的结构组成及原理。

2)能完成喷头组件的装配。

3. 素养目标

1)培养学生遵守规范、精益求精的工匠精神。

2)提高学生正确认识问题、分析问题和解决问题的能力。

3)学生树立正确的劳动观念。

一、喷头组件的工作原理

喷头组件分为挤出装置和喷头装置两部分,固定在料架上的打印材料通过挤出装置中的步进电动机带动挤出齿轮转动挤出材料。打印所用的材料通过铁氟龙管被送达喷头装置,铁氟龙管能保证材料在输送过程中不被折断。打印材料通过气动接头进入散热块,散热块通常为铝合金材料,散热性能较好,能够防止打印材料提前熔化导致堵塞。喷管将散热块与加热块相连,通常铁氟龙管与喷管直接连接,能防止材料在喷管处发生堵塞。材料被送至加热块,加热块中加热棒的高温使打印材料熔化,热敏电阻可对温度进行实时控制。

二、挤出装置的结构

挤出装置如图 2-21 所示,它包含以下部件。

喷头组件三维
原理动画

挤出装置
原理动画

图 2-21 挤出装置

1. 步进电动机

步进电动机的工作原理:步进电动机是将电脉冲信号转变为角位移或线位移的开环控制元件。在非超载的情况下,电动机的转速、停止的位置只取决于脉冲信号的频率和脉冲数,而不受负载变化的影响,即向电动机输入一个脉冲信号,电动机就转过一个步距角。步进电动机是喷头组件的动力装置,它能够将电脉冲信号转换成角位移或线位移,与挤出齿轮相互配合,能够将丝料挤出。每输入一个脉冲信号,步进电动机转子就转动一个角度,其输出的角位移或线位移与输入的脉冲数成正比,转速与脉冲频率成正比。

步进电动机没有累积误差,结构简单,使用、维修方便,制造成本低,步进电动机带动负载惯量的能力大,适用于中小型机床和速度精度要求不高的地方,但效率较低。

2. 挤出齿轮

挤出齿轮(图 2-22)与步进电动机连接,并与 U 型轴承配合卡紧夹住打印材料(图 2-23),利用齿轮上的曲面纹路,增大与打印材料之间的摩擦力,挤压打印材料并将其送入喷头。

图 2-22　挤出齿轮

图 2-23　配合卡紧

常见的挤出方式有两种：挤出齿轮搭配 U 型轴承和双挤出齿轮搭配，如图 2-24、图 2-25 所示。

图 2-24　挤出齿轮搭配 U 型轴承

图 2-25　双挤出齿轮搭配

3. 挤出夹

挤出夹主要用于固定挤出齿轮与丝料，通常装有气动接头以及挤出弹簧，用于导入打印材料。常见的挤出夹材料有塑料、金属，如图 2-26、图 2-27 所示。

图 2-26　塑料挤出夹

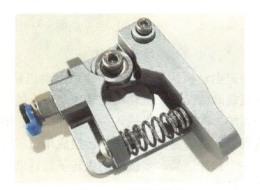

图 2-27　金属挤出夹

4. 轴承

轴承是 3D 打印机中的重要零件，具有多种功能的应用，如支撑机械旋转体，降低其运动过程中的摩擦系数，并保证其回转精度。在挤出装置中，通常使用 624U 型轴承，如图 2-28 所示。

图 2-28　624U 型轴承

5. 气动接头

气动接头是一种主要用于管路连接的快速接头，如图 2-29 所示，它具有体积小、重量轻、摩擦扭矩小等优点，在 3D 打印机中主要用于连接铁氟龙管，以实现打印材料远距离的定向输送。

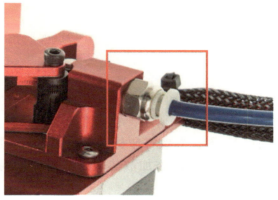

图 2-29　气动接头

6. 铁氟龙管

铁氟龙管是由聚四氟乙烯（PTFE，俗称铁氟龙、塑料王）材料挤压烧结后，经干燥、高温烧结、定形等工序而制成的特种管材，如图 2-30 所示。铁氟龙管以其优秀的耐压能力、耐蚀性、耐高温性、抗污染性和绝缘性，广泛应用于化工、医药、食品等领域。

图 2-30　铁氟龙管

三、喷头装置的结构

喷头装置主要由气动接头、散热块、保温棉、喷嘴、喷头加热管以及热敏线组成，挤出装置通过铁氟龙管将打印材料输送至气动接头，然后经过散热块到达加热块，材料被加热熔化，最后由喷嘴挤出。喷头装置结构如图2-31所示。

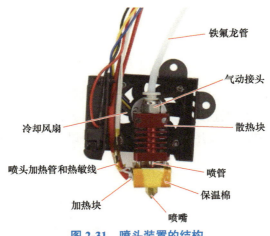

图2-31　喷头装置的结构

1. 散热块

散热块如图2-32所示，它通常为铝制材料。当使用加热块进行加热时，热量会通过喷管传导至打印材料，导致打印材料提前熔化而从加热块与喷管的缝隙溢出，从而出现堵头、溢料等现象。在这一段添加散热块，并搭配风扇散热，可以降低打印材料的温度，避免提前熔化。

图2-32　散热块

2. 冷却风扇

冷却风扇是喷头装置的重要组成部分，它的性能直接影响喷头装置的散热效果，进而影响打印效果。3D打印机常用的冷却风扇有轴流风扇（如图2-33所示，工作时叶片推动空气以与轴相同的方向流动，所以称为轴流风扇，主要为常转风扇）和鼓风风扇（如图2-34所示，通常为可控风扇，主要朝某一固定方向输送气流）。

图 2-33 轴流风扇

图 2-34 鼓风风扇

3. 喷管

喷管如图 2-35 所示，它贯穿散热块、加热块直至喷嘴，主要用于打印材料的输送。喷管的安装过程需要注意紧定螺钉与喷管凹槽应对齐，避免与加热块或者与喷嘴间出现缝隙，从而导致溢料。

图 2-35 喷管

4. 喷嘴

喷嘴如图 2-36 所示，它是 FDM 3D 打印机中十分重要的零部件之一，它在很大程度上决定着 3D 打印成品的质量，通常被设计成便于拆卸的六角面，与加热块螺纹连接的螺纹端一般为 M6×1mm 的螺纹。为了满足不同的打印速度和打印精度的要求，喷嘴的口径为 0.1~2.0mm。可供喷嘴选择的打印材料的直径有 1.75mm 和 2.85mm。一般追求速度就要放弃精度，选择大喷嘴；追求精度就要放弃速度，选择小喷嘴。

图 2-36 喷嘴

四、喷头组件的装配流程

喷头组件的装配流程见表 2-3。

表 2-3 喷头组件的装配流程

序号	操作步骤	工具	图例
1	将喷嘴、喷管装入设备物料盘内，将加热块摆放到工作台面上，测试喷嘴组件气密性	1. 喷嘴气密性测试设备 2. 防噪声耳塞	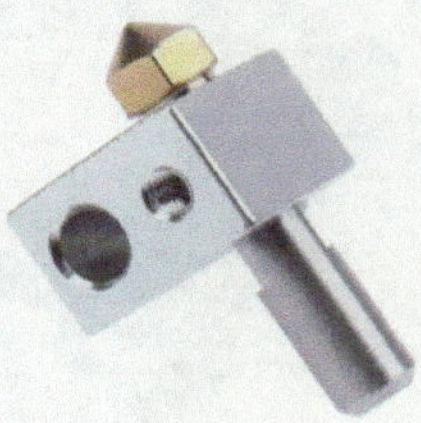
2	取测试完成后的喷嘴组件，装入吸塑托盘内待使用		
3	取散热块完全套入喷管组件并以工作台面为平面定位，使用 M3×3mm 紧定螺钉将散热块固定在喷管上；装好后将组件放入专用治具内，用两个 M3×18mm 内六角沉头螺钉穿过加热块锁紧在散热块上	1. 散热块固定夹具 2. 电钻（2mm 钻头）	
4	取大气动接头装入散热块，并用电钻锁紧	电钻（2mm 钻头）	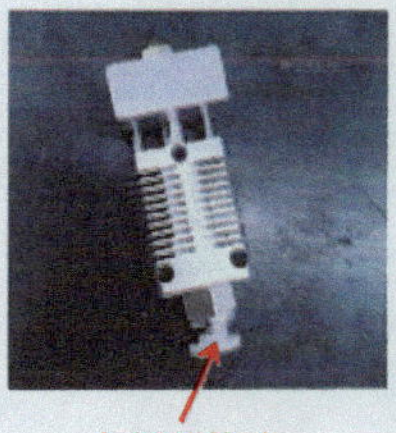
5	取加热管穿入加热块（确保两端面平齐），完成后用 M3×3mm 紧定螺钉将其固定拧紧		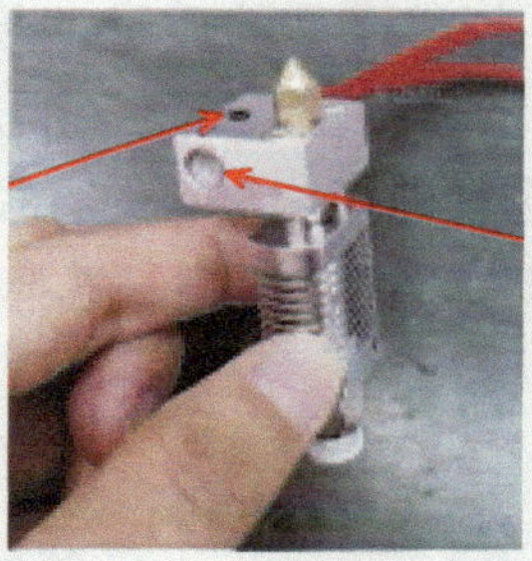
6	取喷头热敏电阻，用 M3×4mm 十字槽圆头带垫螺钉将其锁紧在加热块指定位置，完成后用高温胶布将加热管及热敏电阻捆绑固定	螺钉旋具	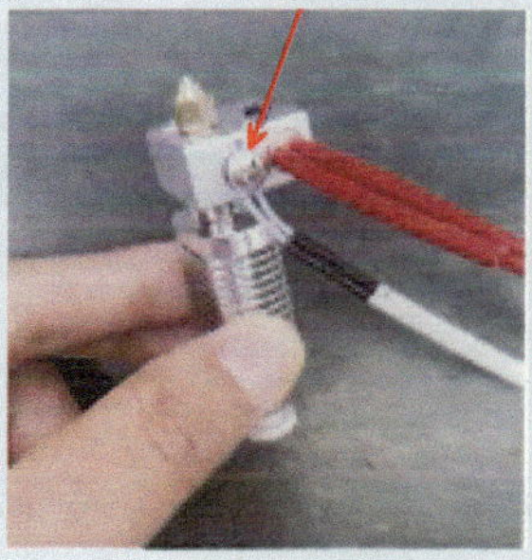

项目二　3D打印设备操作与装调

(续)

序号	操作步骤	工具	图例
7	取铁氟龙管插入大气动接头；取加热块硅胶套正确套在喷头中加热块组件上		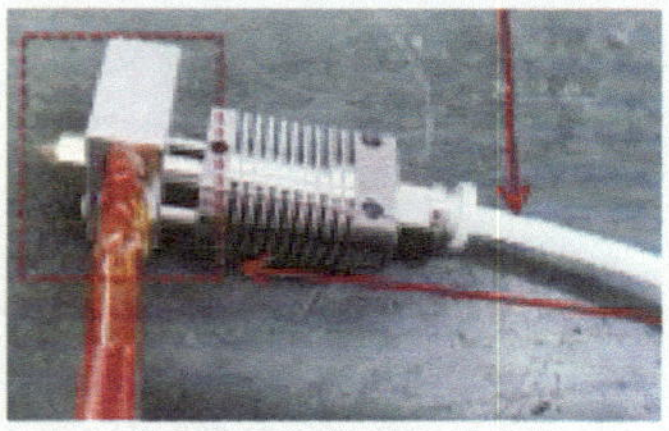
8	取挤出背板，用两个 M5×30mm 内六角平圆头螺钉从背板反方向依次穿过挤出背板、隔离柱、滑轮，然后分别取 M5 自锁螺母拧紧螺钉		
9	取一个 M5×30mm 内六角平圆头螺钉从背板反方向依次穿过挤出背板、偏心隔离柱、滑轮，然后取 M5 自锁螺母拧紧螺钉		
10	取电钻及挤出背板组装治具，将套件自锁螺母端套入治具内，然后用电钻分别锁紧各螺钉		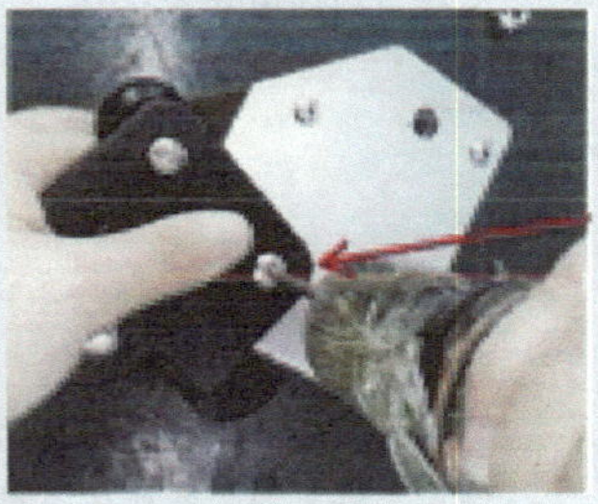
11	取风扇罩放桌面，然后取 4010 型喷头风扇套入风扇罩内（注意：安装方向及线束引出位置），使用四个 M3×10mm 内六角平圆头螺钉将喷头风扇锁紧在风扇罩内	电钻（2.5mm 钻头）	
12	取鼓风风扇，并取喷嘴导风件插入鼓风风扇插口，接着分别用两个 M2×8mm 内六角圆柱头螺钉和两个 M2×10mm 内六角圆柱头螺钉穿过鼓风风扇将其锁紧在风扇罩上		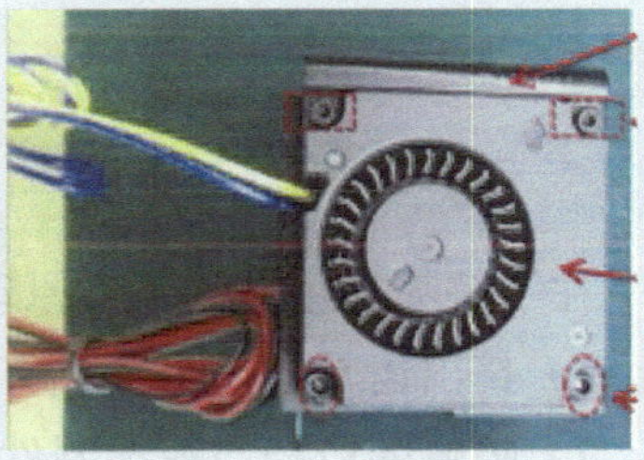

走进增材制造

(续)

序号	操作步骤	工具	图例
13	取挤出背板套件及喷嘴组件，用两个 M3×16mm 螺钉+螺母+平垫圈+弹簧垫圈的组合穿过喷嘴组件上散热块螺纹孔，将喷嘴组件锁紧固定在挤出背板上		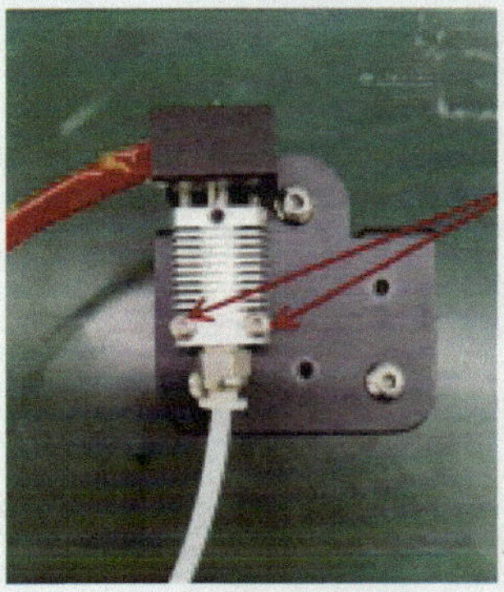
14	取风扇罩套件，确认结构、外观无误后，用两个 M3×6mm 内六角平圆头螺钉将风扇罩套件锁紧在挤出背板上		
15	取挤出套件，整理各线束。完成后取套线管将线束套入其中		
16	将线束套好套线管后，取黑色扎带将线束与铁氟龙管捆扎在一起		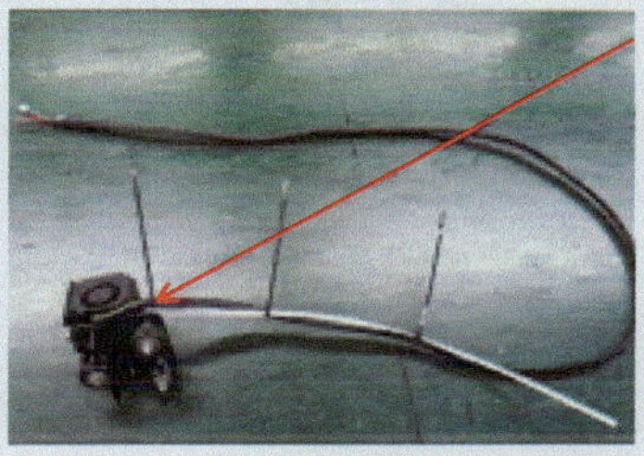
17	取剪刀，将多余扎带剪除		

思考与练习

在了解喷头组件的工作原理、结构组成、装配流程的基础上，回答下面的问题。

1）挤出齿轮的挤出形式有哪些？

2）喷嘴的口径与成形制件的尺寸精度有联系吗？

3）打印 PLA、ABS、TPU 材料时喷头的温度应如何设置？

项目二　3D打印设备操作与装调

任务四　FDM 3D 打印机 X-Z 轴组件的装配

面向岗位工作描述

本任务主要针对行业代表企业某生产线典型真实工作任务——X-Z 轴组件的安装，要求掌握 X-Z 轴组件的工作原理，明确 X-Z 轴组件的结构组成，能够完成装配。

任务目标

以自下而上的方式完成 FDM 3D 打印机 X-Z 轴组件的装配。

1. 知识目标

1）能理解 X-Z 轴组件的工作原理。
2）能够写出 X-Z 轴组件各零部件名称以及功能。
3）能理解典型 FDM 3D 打印机 X-Z 轴组件正确的装配流程。

2. 技能目标

1）掌握 X-Z 轴组件的结构组成及工作原理。
2）能依据装配作业指导书完成 X-Z 轴组件的系统装配。

3. 素养目标

1）培养学生遵守规范、精益求精的工匠精神。
2）提高学生正确认识问题、分析问题和解决问题的能力。
3）学生树立正确的劳动观念。

X 轴机械原理　　　Z 轴机械原理

一、X-Z 轴组件的工作原理

FDM 3D 打印机的 X 轴与 Z 轴组件是控制喷头组件进行横向与纵向位移的运动轴机构，通过与热床的配合实现三个运动轴方向上的位移，灵活度较高。

二、X-Z 轴组件的结构

1. 丝杠

X-Z 轴组件的动力装置是步进电动机，而步进电动机的运动方式是旋转运动，X-Z 轴组件所需的运动方式是直线运动，所以需要部件将回转运动转换为直线运动，Z 轴通常使用的部件是丝杠。丝杠有普通丝杠（图 2-37）、滚珠丝杠（图 2-38）两种。在精度要求较高的 FDM 3D 打印机中通常使用的是滚珠丝杠。滚珠丝杠是工具机械和精密机械上最常使用的传动元件，其主要功能是将旋转运动转换成直线运动，或将转矩转换成轴向反复作用力，同时它兼具高精度、可逆性和高效率的特点。由于具有很小的摩擦阻力，所以滚珠丝杠被广泛应用于各种工业设备和精密仪器中。

当滚珠丝杠作为主动体时，螺母就会随丝杠的转动并按照对应规格的导程，将旋转运动转换成直线运动，被动件可以通过螺母座和螺母连接，从而实现对应的直线运动。

2. 联轴器

丝杠与步进电动机的连接主要依靠联轴器（图 2-39）。联轴器将 X-Z 轴组件中的主动轴和从动轴牢固地连接起来一同旋转，并传递运动和转矩。

图 2-37　普通丝杠

图 2-38　滚珠丝杠

联轴器可分为刚性联轴器和挠性联轴器两大类。

刚性联轴器不具有缓冲性和补偿两轴线相对位移的能力，要求两轴严格对中，但此类联轴器结构简单，制造成本较低，装拆维护方便，能保证两轴有较高的对中性，传递转矩较大，应用广泛。

挠性联轴器可分为无弹性元件挠性联轴器和有弹性元件挠性联轴器两类。无弹性元件挠性联轴器具有补偿两轴线相对位移的能力，但不能缓冲减振，常见的有滑块联轴器、齿式联轴器、万向联轴器和链条联轴器等；有弹性元件挠性联轴器因含有弹性元件，除具有补偿两轴线相对位移的能力外，还具有缓冲和减振作用，但传递的转矩因受到弹性元件强度的限制，一般不及无弹性元件挠性联轴器。

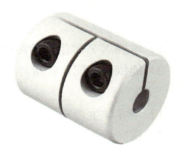

图 2-39　联轴器

3. 直线轴承

直线轴承通常与光杆搭配使用，如图 2-40 所示。直线轴承内部嵌有钢珠，由于承载珠与轴承外套是点接触，钢球以最小的摩擦阻力滚动，因此直线轴承摩擦力小且比较稳定，不随轴承速度而变化，能获得灵敏度高、精度高且平稳的直线运动。但直线轴承抵抗冲击载荷能力较差，且承载能力也较差，其次它在高速运动时振动和噪声较大。

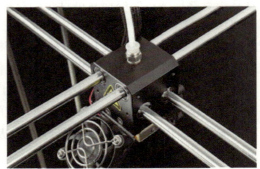

图 2-40　直线轴承

三、X-Z 轴组件的装配流程

X-Z 轴组件的装配流程见表 2-4。

表 2-4 X-Z 轴组件的装配流程

序号	操作步骤	工具	图例
1	取两个 M5×40mm 内六角平圆头螺钉穿过 X 轴电动机背面板，依次套入隔离柱、滑轮		
2	取一个 M5×40mm 内六角平圆头螺钉穿过 X 轴电动机背面板，依次套入偏心隔离柱、滑轮、隔离柱		
3	取 X 轴电动机正面板穿过 M5×40mm 内六角平圆头螺钉，完成后分别取三个 M5 自锁螺母拧紧螺钉	1. X 轴滑动块组装治具 2. 套筒（8mm） 3. 电钻 [（4#钻头，转矩（10.5±1）kgf·cm]	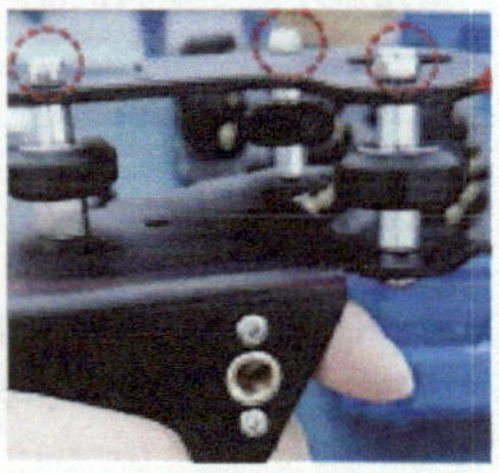
4	取 2040 铝型材从两滑轮之间穿过，来回滑动以检验滑轮顺畅度；若滑动不顺畅，则使用开口扳手调节偏心隔离柱位置，直至顺畅	1. 2040 铝型材 2. 开口扳手（10mm）	
5	取两个 M3×10mm 内六角平圆头螺钉，分别套上 M3 弹簧垫圈穿过 X 轴电动机背面板，穿好后再分别套上 M3 弹簧垫圈，取 T 形丝杠螺母长端朝上套入背面板丝杠孔，将螺钉拧入 T 杆螺母固定	1. 装 T 杆螺母的治具 2. 电钻（2.5mm 钻头）	
6	取 X 轴电动机放在专用治具上，将组装好的滑动套件正面板套入电动机，取 X 轴限位开关组件套上并锁紧其上的 M3×40mm 螺钉，将 X 轴电动机、滑动套件、限位开关组件固定	1. 装 X 轴电动机套件的治具 2. 电钻 [2.5mm 钻头，转矩为（2.6±0.3）kgf·cm]	

（续）

序号	操作步骤	工具	图例
7	取 Z 轴电动机放在工作台面上，再取 Z 轴电动机安装固定座，用两个 M3×16mm 内六角平圆头螺钉将 Z 轴电动机安装固定座锁在电动机端面上	1. 专用治具 2. 电钻 [2 # 六角头，转矩为 (3.2±0.3) kgf·cm]	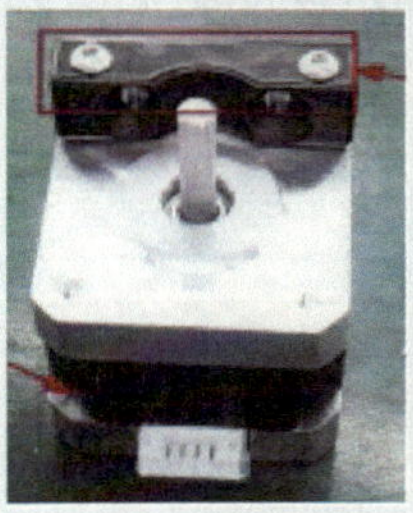
8	电动机毛坯端表面朝上，将专用治具放在电动机毛坯表面上，使电动机轴对准专用治具上的槽位并穿过，再将联轴器穿过电动机轴并贴合专用治具，用手按住联轴器用电钻将联轴器底部螺钉锁紧		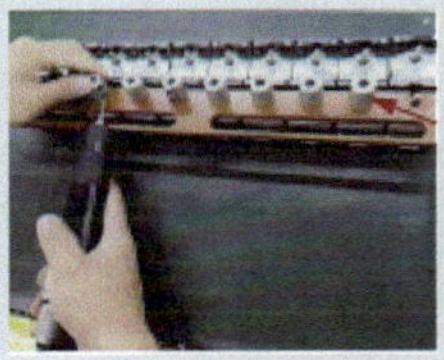
9	自检装配完毕的电动机组件，确认无误后将电动机组件整齐装入吸塑托盘并做好标识，待周转作业		
10	取两个 M5×30mm 内六角平圆头螺钉依次穿过滑轮、隔离柱和 Z 轴被动块，用 M5 自锁螺母锁紧	1. 专用治具 2. 电钻 [3mm 钻头，转矩为 (28.5±1) kgf·cm]	
11	取一个 M5×30mm 内六角平圆头螺钉穿过 Z 轴被动块，套上偏心隔离柱和滑轮，用 M5 自锁螺母锁紧	电钻 [3mm 钻头，转矩为 (28.5±1) kgf·cm]	
12	用 2040 铝型材从两滑轮之间穿过，来回滑动。若滑动不顺畅，可通过偏心隔离柱来调节	2040 铝型材	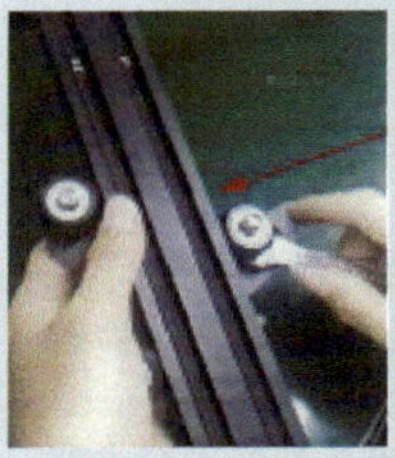

思考与练习

在了解 X-Z 轴组件的工作原理、结构组成、装配流程的基础上，回答下面的问题。

1）X-Z 轴组件的装调中联轴器的作用是什么？

2）安装同步带时需要注意哪些事项？

3）该 3D 打印机的 Z 轴部分可用同步带代替丝杆传动吗？

项目二　3D打印设备操作与装调

任务五　FDM 3D 打印机整机装配

面向岗位工作描述 ▸

本任务选自行业代表企业某生产线典型真实工作任务——整机组装，旨在以任务为驱动，结合人才培养目标要求，使学生能够完成 FDM 3D 打印机的整机装配。

任务目标 ▸

以自下而上的方式完成 FDM 3D 打印机的整机装配。

1. 知识目标

1）能理解 FDM 3D 打印机组成机构名称以及功能。
2）能理解 FDM 3D 打印机的整机装配流程。

2. 技能目标

1）能根据实际情况完成热床调平操作。
2）能根据实际情况进行 X 轴铝型材、Z 轴丝杠、Z 轴滑轮的调节。
3）能根据装配作业指导书完成 FDM 3D 打印机整机装配。

3. 素养目标

1）培养学生严格遵守规范、精益求精的工匠精神。
2）提高学生正确认识问题、分析问题和解决问题的能力。
3）学生树立正确的劳动观念。

经过前几个任务，已经完成 FDM 3D 打印机各组件的装配，接下来需要进行总装以及调试。机械设备的调试工作非常重要，通过调试可以及时发现设备运行中的一些问题，并及时作出补救，这样就避免了机械设备存在的安全隐患和异常运作情况的发生。

一、热床调平操作

下面以典型机型 Ender-3 进行热床调平操作介绍，采用象限调平法。操作 3D 打印机控制面板，单击"主菜单"按钮→"准备选项"→"回原点"，待机器启动回到原点。接着在"准备选项"中选择关闭步进电动机，将喷头移动至热床（打印平台）的四个角，并在平台上放置一张 A4 纸，旋转平台底部的四个螺母，直至抽动 A4 纸时会被喷嘴刮出划痕即可，如图 2-41 所示。

选择打印文件，等待达到打印温度。在打印边线时，可以一边打印，一边调节热床底部的螺母，动态调平至打印出的丝材为扁平状，以利于粘紧热床平台即可。

二、X 轴型材松动倾斜

首先关闭 3D 打印机电源，手动转动 Z 轴联轴器，将 X 轴抬升到一定的高度，接着上下摆动 X 轴，检查 X 轴铝型材是否紧固。当发现 X 轴型材不稳固，并出现倾斜时，拆卸 3D 打印机顶部铝型材，手动旋转联轴器，取出 X 轴组件，将铝型材与钣金调至同一水平线，并用扳手拧紧 X 轴铝型材的螺母，再将 X 轴组件重新安装回 3D 打印机。

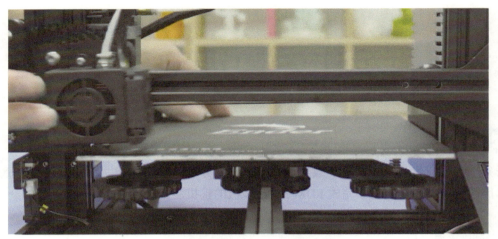

图 2-41　热床调平（象限调平法）

三、Z 轴丝杠倾斜

首先关闭 3D 打印机电源，拆卸 3D 打印机顶部铝型材，手动转动联轴器，取出 X 轴组件，检查 Z 轴丝杠是否倾斜。如果发现 Z 轴丝杠倾斜，则需要将用于固定 Z 轴电动机底座的两个螺钉旋松，调整 Z 轴电动机位置，使丝杠与 Z 轴铝型材平行，之后再将 X 轴组件安装回即可，如图 2-42 所示。

图 2-42　Z 轴丝杠调平

四、Z 轴滑轮调节

首先关闭 3D 打印机电源，手动转动联轴器，将 X 轴抬升到一定高度，利用内六角扳手将 T 杆螺母上的两个螺钉旋松两圈。接着利用扳手旋松右边的偏心螺母，调至滑轮可以完全转动，检查 X 轴左边的滑轮是否过紧无法转动。如果手动可以转动滑轮，则不用旋松偏心螺母；如果无法手动转动滑轮，则用扳手调节偏心螺母，调整到滑轮可以转动即可，再将右边的偏心螺母完全拧紧，接着将偏心螺母再往回旋松半圈或一圈，调整到滑轮可以转动即可。

五、FDM 3D 打印机整机装配流程

FDM 3D 打印机整机装配的流程见表 2-5。

项目二 3D打印设备操作与装调

表 2-5 FDM 3D 打印机整机装配的流程

序号	操作步骤	工具	图例
1	取两根较长的铝型材，使用四个螺钉将其固定在热床铝型材上	电钻	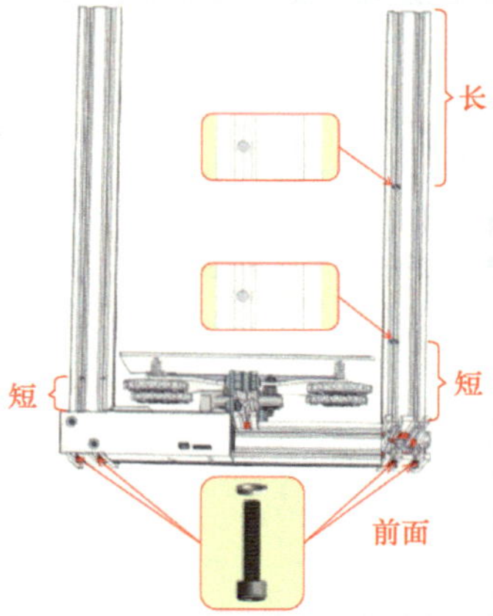
2	使用两个 M4×20mm 螺钉固定电源模块	电钻	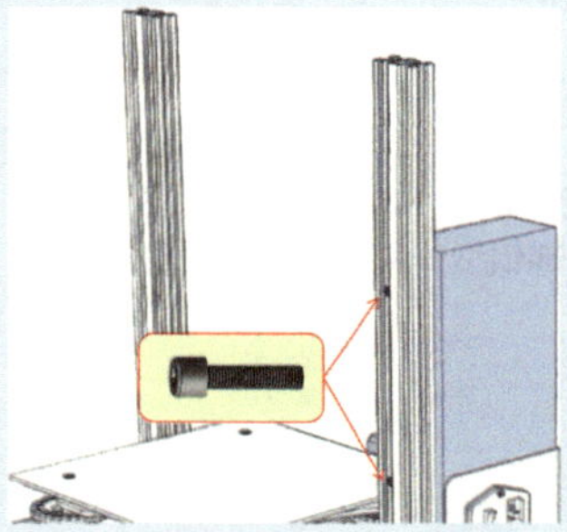
3	使用两个 M5×8mm 螺钉将显示屏组件固定	电钻	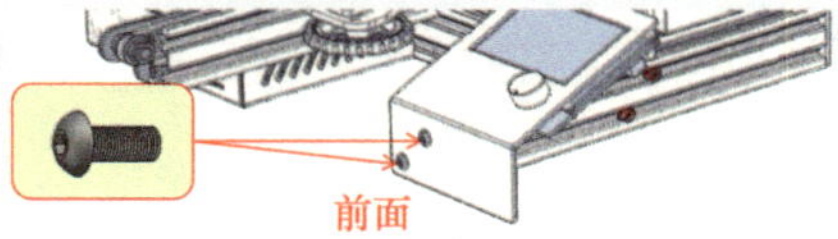
4	将限位装置安装在左侧铝型材底部	电钻	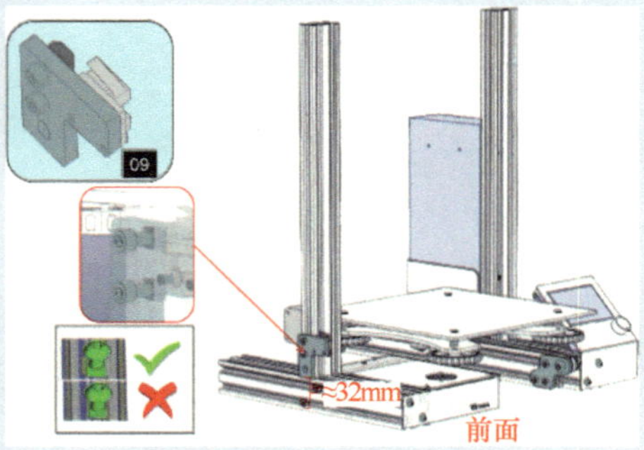
5	使用两个 M4×18mm 螺钉将丝杠与联轴器连接	电钻	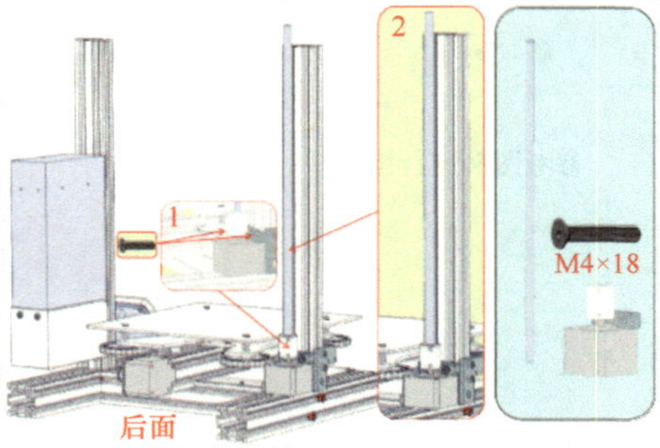

走进增材制造

（续）

序号	操作步骤	工具	图例
6	旋转固定丝杠的联轴器，将 X 轴组件顺着 Z 轴铝型材缓缓滑入		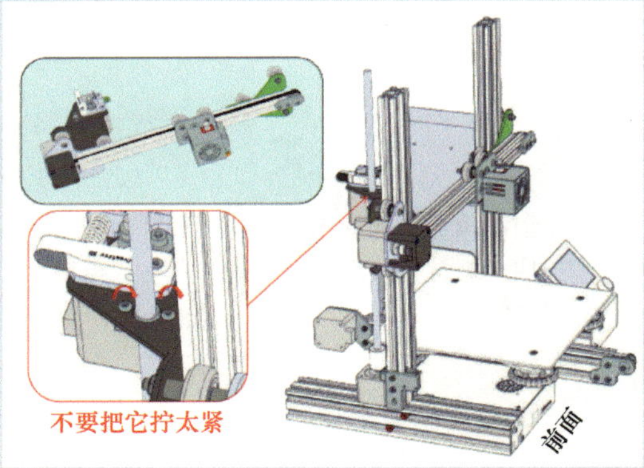
7	使用四个 M5×25mm 螺钉将顶部铝型材固定		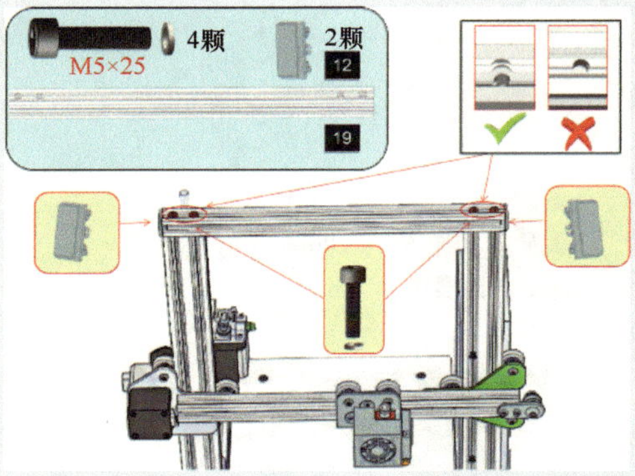
8	使用两个 M5×8mm 螺钉将送料架固定		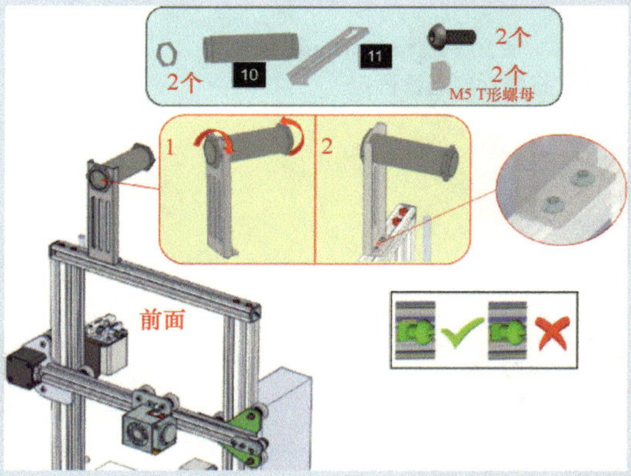
9	参考图例进行接线		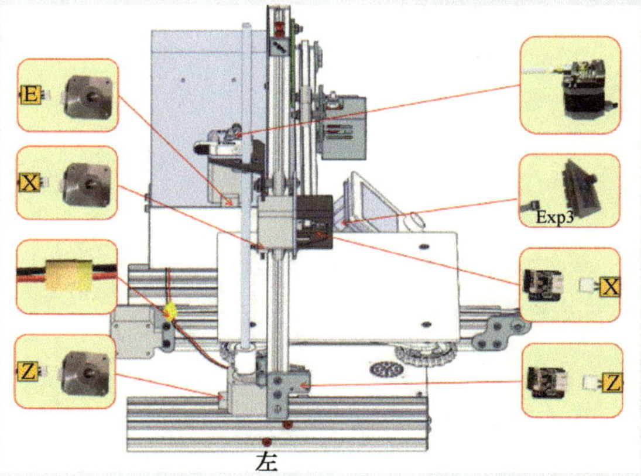

54

项目二　3D打印设备操作与装调

> **思考与练习**

在了解热床调平操作、Z轴丝杠调节、Z轴滑轮调节、FDM 3D 打印机装配流程的基础上，回答下面的问题。

1）FDM 3D 打印机对成形材料有什么要求？

2）安装 X 轴时，发现 X 轴没有垂直于 Z 轴或平行于打印平台，这时该如何解决？

任务六　FDM 3D 打印机常见故障的检修与维护

> **面向岗位工作描述**

本任务主要针对企业的真实售后维护订单，通过对现场存在故障的 FDM 3D 打印机的检修与维护，掌握现场排故及维护的技能。

> **任务目标**

依据故障案例库，能够根据检测来判断故障点并完成维修与保养任务，并记录在维护工作任务卡上。

1. 知识目标

1）理解 FDM 3D 打印机常见故障的产生原因以及维修保养步骤。

2）理解 FDM 3D 打印机常见故障，明确解决方案。

3）对于不常见的故障点能查询故障案例库寻求解决办法。

2. 技能目标

1）能够分析 3D 打印机出现故障的原因。

2）能够根据故障原因完成 3D 打印机的维修。

3）能够分析故障点并进行针对性维护作业。

3. 素养目标

1）培养学生严谨务实、遵守规范、精益求精的工匠精神。

2）提高学生正确认识问题、分析问题和解决问题的能力。

3）学生树立正确的劳动观念。

FDM 3D 打印机在使用过程中可能会出现各种各样的故障问题。同样的故障现象常常由不同的原因所引起，所以应当进行多角度的思考与分析，以下是常见的故障及其产生原因与解决办法。

一、打印材料无法挤出

挤出机挤不出打印材料，造成的原因有以下几种。

原因 1： 在开始打印前，加载打印材料时没有加载到位，导致喷嘴处没有打印材料出来。如果打印材料加载成功，则喷嘴处会有打印材料流出，如图 2-43 所示。

解决办法： 停止打印，并进行手动送料。根据喷头组件的结构不同，也将采取不同手动送料方式。目前常见的方式有远端送料和近端送料两种。

1）远端送料：先按住挤出夹，然后将打印材料穿过挤出齿轮，经过白色的导料管，到达喷嘴处，注意断料检测模块需要闪烁蓝灯。

2）近端送料：在 FDM 3D 打印机的控制面板中，单击"主菜单"→"准备选项"→"加载耗材"，接着单击"进料"即可。

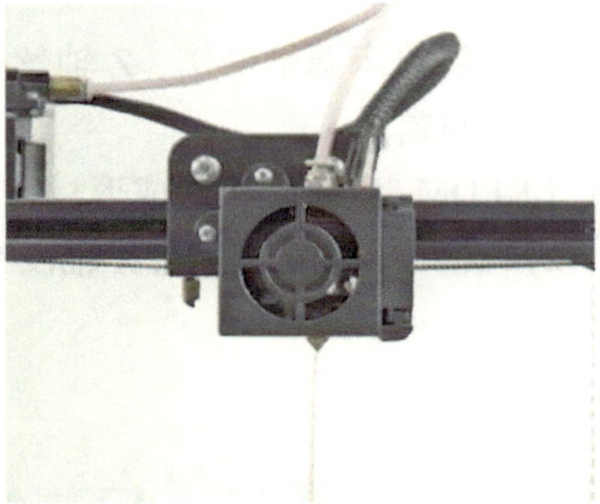

原因 2： 喷嘴离打印平台太近，在打印时平台会将喷嘴堵住，导致打印材料无法从喷嘴顺利挤出。

解决办法：

1）在打印第一层的时候通过目测看看喷嘴是否和平台处于压紧的状态。

图 2-43 打印材料填充到位的状态

2）打印机喷嘴的温度提高到 240℃，将喷嘴和平台分开一段距离，然后手动送料看喷嘴处是否有打印材料顺利流出，如果打印材料顺利流出，说明喷嘴没有堵塞，重新调试打印机之后就可以正常使用。

原因 3： 打印机喷头堵塞，表现为打印机挤出齿轮回退，喷嘴处无任何打印材料流出。原因主要有三种：

1）打印材料在喷嘴处堆积，最终将喷嘴堵住。

2）打印机的使用环境存在多灰尘，空气中的灰尘会粘附在打印材料上面，打印机工作时跟随打印材料一起进入喷嘴，灰尘累积然后形成喷头堵塞。

3）挤出机的散热不够，打印材料在预期熔化的区域之外就开始受热膨胀。打印材料受热变形导致导料管内壁相互紧贴，从而导致挤出机无法顺利输送打印材料。

解决办法：

1）使用通针清理，先将喷嘴温度提高至 230~250℃，待温度到达设定值后，将打印材料拨出，使用配用的通针从下至上进行反复疏通，清理完成后再手动将打印材料插入直至喷嘴能够正常流出打印材料。

2）深度清理：

第一步，先加热喷嘴至 230℃（中间不可降温），将打印材料取出，再将风扇罩取下放好，如图 2-44 所示。

第二步，用开口扳手固定加热块，再用套筒将喷嘴拧下来，如图 2-45 所示。

图 2-44 第一步

图 2-45 第二步

第三步，先将小气动接头处的铁氟龙管拔出，白色胶圈要按下去再拔，再用扳手将大气动接头拧下来，如图 2-46 所示。

第四步，将大气动接头顺着小气动接头的方向拔出，然后用铁氟龙管将喷管内部清理干净，可反复清理几次，如图2-47所示。

图2-46　第三步

图2-47　第四步

第五步，喷嘴清理干净后再安装，一定要固定牢靠，如图2-48所示。

第六步，将铁氟龙管近喷嘴一端水平切下一小段，一定要保证端口的平滑，如图2-49所示。

图2-48　第五步

图2-49　第六步

第七步，将铁氟龙管切好的一端贴近加热块底部，按照大致要插入的深度，可稍微做下记号（铁氟龙管与喷嘴端口需紧密相贴，中间不得有缝隙），如图2-50所示。

第八步，将铁氟龙管插入小气动接头，如图2-51所示。

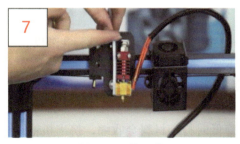

图2-50　第七步

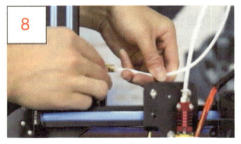

图2-51　第八步

第九步，全部安装好后将风扇罩安装上，如图2-52所示。

第十步，将铁氟龙管和线材固定好（可用扎带、胶布），最后将打印材料重新手动插入，直至喷嘴能够顺畅流出打印材料，如图2-53所示。

二、打印材料无法粘到打印平台上

在应用FDM 3D打印机打印过程中，成形制件的第一层要与打印平台紧密粘结。如果第一层没能与打印平台紧密粘结，那将严重影响后续的打印效果。常见的原因以及解决办法如下。

图 2-52　第九步

图 2-53　第十步

原因 1： 由于打印平台未调平，导致打印平台不水平，打印平台的一边会接近喷嘴，而另一边远离喷嘴，这种情况将导致部分打印材料无法有效地粘在打印平台上，如图 2-54 所示。

未调平，喷嘴与平台距离过大，打印材料不易粘在打印平台上

正确调平，打印材料均匀地呈扁平状地粘到打印平台上

未调平，喷嘴与打印平台相接触，导致打印材料无法顺利地从喷嘴挤出

图 2-54　打印平台与喷嘴处在不同距离，打印材料与打印平台的粘结情况

解决办法： 通过调节打印平台下面的四个弹簧螺母来调节打印平台与喷嘴的距离，喷嘴到打印平台的合适距离是大概一张 A4 纸的厚度。逆时针方向拧弹簧螺母可使喷嘴远离打印平台，顺时针方向拧弹簧螺母可使喷嘴接近打印平台。

原因 2： 打印第一层材料的速度过快，导致打印材料没有足够的时间凝固以粘结在打印平台上。

解决办法：

1）手动调节：在打印第一层材料时，向左侧拧速度调节旋钮来调节打印速度，随后再调回。

2）设备调节：在切片软件上设置第一层的打印速度，打印速度可以设置为 20mm/s，如图 2-55 所示。

原因 3： 打印平台温度或冷却设置出现问题。温度降低时打印材料会收缩，挤出机输送材料时的温度是 230℃，但打印平台的温度低，打印材料从喷嘴中挤出后会快速冷却。如果一个宽 100mm 的 ABS 材料制件冷却到室温 30℃，会收缩 1.5mm。因为存在这种现象，所以打印材料冷却时总是倾向于脱离打印平台。如果观察到第一层材料很快粘到打印平台上，但随着温度降低又与打印平台脱离了，那么很可能是温度和冷却相关设置出现了问题。通常认为，PLA 材料在打印平台上加热到 40~50℃时会很好地粘在平台上，而 ABS 材料则需要加热到 60~70℃。

图 2-55　调节打印速度

解决办法：

1）按旋钮进入主菜单，单击"控制"→"温度"，分别设置喷头和打印平台温度为正常范围即可，如图 2-56 所示。

2）材料为 PLA 时，设置喷头温度为 190~210℃，打印平台温度为 40~50℃，注意不可将喷头温度设置为 240℃以上，否则 PLA 将会碳化造成堵塞喷头。材料为 ABS 时，设置喷头温度为 240℃，打印平台温度为 70~100℃。

图 2-56　调节打印温度

三、喷头出料不足

在切片软件中的一些设置能够决定 3D 打印机挤出多少打印材料，然而 3D 打印机并没有反馈实际有多少打印材料已经流出了喷嘴，因此，有可能实际挤出的打印材料比切片软件设置值要少，即所谓的出料不足。

为了测试这种现象，可以打印一个简单的边长为 20mm 的正方体，设置至少打印三层边线。通过检查看正方体顶部的三条边线是否紧密地粘结在一起。如果三条边线之间有间隙，那么就是遇到了出料不足的问题，如图 2-57 所示。

原因 1：喷嘴孔径设置不正确，特别是在切片软件中设置的参数小于实际使用的喷嘴孔径，导致实际出料比期望的少，造成成形制件中出现间隙。

解决办法：在切片软件设置喷嘴孔径时，应保证设置的值与实际一致。主流桌面级 FDM 3D

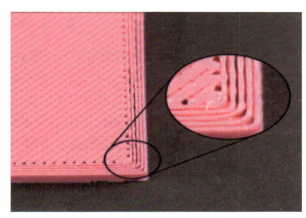

图 2-57　出料不足测试件

打印机（例如 Ender-3）所使用的喷嘴孔径通常为 0.4mm，喷嘴孔径设置如图 2-58 所示。

原因 2：如果孔径设置正确，但仍然出现出料不足的现象，那么则有可能是挤出量出现了问题，即打印材料供给量出现了问题。

解决办法：切片软件里有挤出量设置，默认挤出量是 100%，如图 2-59 所示。如果打印出来的制件有出料不足的现象，可以适当地增加挤出量来弥补。在打印过程中，也可以通过调整界面里的 FLOW 选项，来设置挤出量。

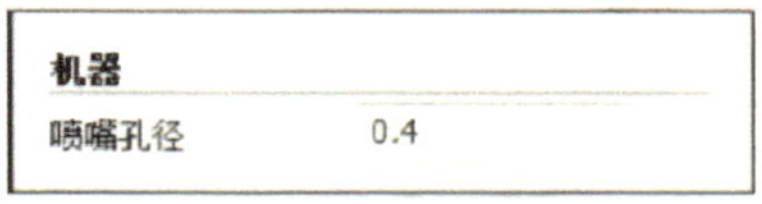

图 2-58　切片软件中喷嘴孔径的设置 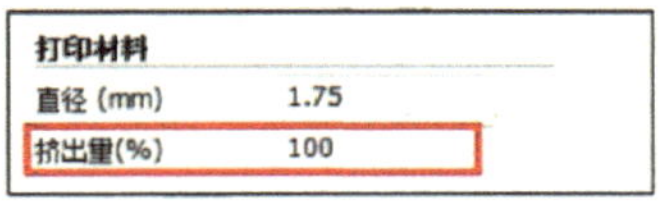　　　　图 2-59　挤出量设置

四、顶层出现孔洞或缝隙

为了节省打印材料,大多数 3D 打印件都是由一层实心的壳和多孔中空的内芯构成的。例如,打印件的内芯填充率只有 30%,也就意味着内芯只有 30% 的体积是打印材料,其他部分是空气。虽然打印件的内芯是部分中空的,但表面通常是实心的。

为了达到这个目标,切片软件包含顶层实心层的设置。例如,若要打印一个上下各有五层实心层的方块,软件将在上下各打印五层完全实心的层,但是其他中间的层则部分中空。但是在打印过程中,可以在喷头组件构建这些实心层时,看到孔洞或间隙,如图 2-60 所示。

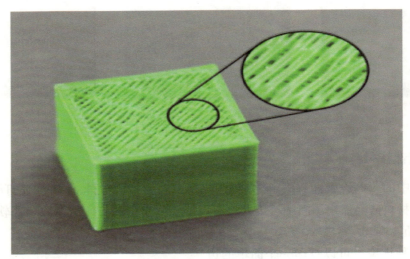

图 2-60　实心层的孔洞或间隙

原因 1:当在部分中空的填充层上构建 100% 的实心层时,实心层会跨越下层的空心部分。此时,实心层上挤出的打印材料会向下垂到空心部分中。

解决办法:通常需要在顶部打印几层实心层来获得平整完美的实心表面。如图 2-61 所示,顶层实心部分的厚度至少为 0.5mm。所以如果使用层高为 0.25mm 的实心层,则至少需要打印两层顶部实心层。如果打印层高更小,则需要多打印几层实心层。例如,层高只有 0.1mm,则至少需要在顶部打印五个实心层,来达到同样的效果。

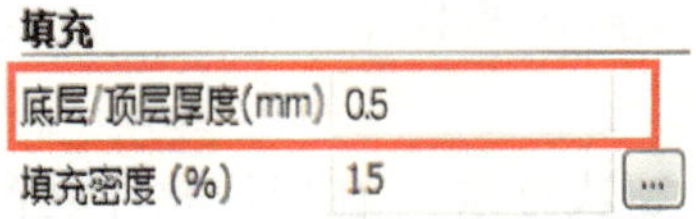

图 2-61　顶层填充厚度设置

原因 2:打印件内部的填充部分会成为其上面层的基础。打印件顶部的实心层,需要在这个基础上构建。如果填充密度非常低,那填充中将有大量空的间隙。例如,填充密度为 10%,那么打印件里面,剩下 90% 部分是中空的,这将会导致实心层需要在非常大的空间隙上构建。

解决办法:尝试增加填充密度,看看间隙是否会消失。例如,之前设置的填充密度是 15%,尝试修改为 50%,这样可以提供更好的基础来构建顶部实心层,如图 2-62 所示。

图 2-62　设置填充密度

五、垂料或拉丝

若打印件上残留细小的打印材料丝线，则发生了拉丝，如图 2-63 所示。通常，这是因为喷嘴移到新的位置时，打印材料从喷嘴中垂出来。解决拉丝问题最常用的方法是回抽。如果回抽选项是开启的，那么当打印机完成模型一个区域的打印后，喷嘴中的打印材料会被回拉。这样再次打印时，打印材料会被重新推入喷嘴，从喷嘴顶部挤出。要确认回抽选项已经开启后，可以单击"高级"选项中的"回丝"来设置。

原因1： 回抽最重要的参数是回退长度，即回轴距离。它决定了多少打印材料会从喷嘴拉回。一般来说，从喷嘴中拉回的打印材料越多，喷嘴移动时越不容易垂料，所以当回退长度设置过短时，将可能出现拉丝的现象。

解决办法： 正常的回退长度设置为 6~10mm，如图 2-64 所示，具体的设置还需要结合打印材料的特性。

图 2-63　拉丝的成形制件

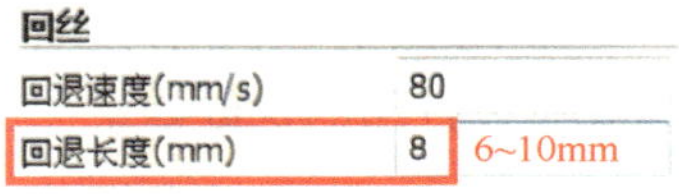

图 2-64　设置回退长度

原因2： 和回抽相关的另一个参数是回退速度，它决定了打印材料从喷嘴回抽的速度。如果回抽的太慢，打印材料将会从喷嘴中垂掉出来，进而在移动到新的位置之前，就开始泄漏。如果回抽的太快，打印材料可能与喷嘴中的打印材料断开，甚至驱动挤出齿轮快速转动，可能刮掉打印材料表面部分。

解决办法： 根据实际使用的打印材料特性选取合理的回退速度，通常为 60~100mm/s，最合适的回退速度需要通过反复测试来得到。

原因3： 导致拉丝的最常见的原因是喷头温度不合适。适合 PLA 的打印温度为 190~210℃，如图 2-65 所示，如果喷头温度设置的过高，将会导致打印材料熔化，进而更容易从喷嘴中流出来，可能会使打印时回抽得不够干净，就很容易产生拉丝。所以，喷头温度设置得是否合适对打印件的效果有直接的影响。

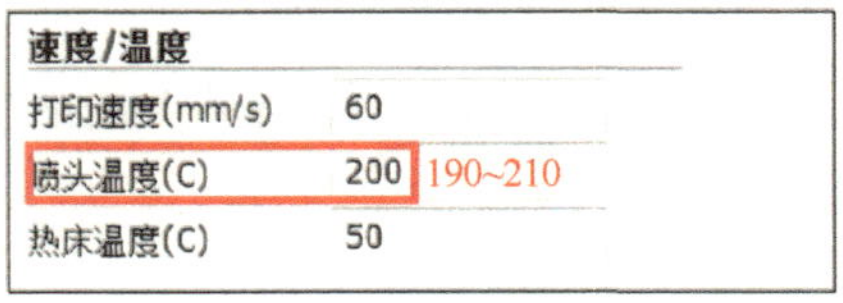

图 2-65　调整喷头温度

解决办法： 适度降低喷头温度，降低 5~10℃（以 5℃为单位来降低），这将对最后的打印件质量有明显的影响。

> **思考与练习**

通过学习，分析 FDM 3D 打印机故障原因并拟定解决故障的方案，完成对故障 3D 打印机的检修与维护。并回答下面的问题。

1）打印过程中打印件出现断层的原因是什么？

2）长时间使用3D打印机后，打印精度下降的原因可能是什么？

3）打印过程中喷头发生异响，可能是什么原因造成的？

任务七　FDM 3D打印机送丝机构的选择

面向岗位工作描述

本任务主要针对典型FDM 3D打印机的送丝机构实施教学，完成对送丝机构的选择。

任务目标

针对FDM 3D打印机进行需求分析，选择合适的送丝机构。

1. 知识目标

1）理解限制打印材料范围的原因。

2）理解近程送丝机构的组成、工作原理以及优缺点。

3）理解远程送丝机构的工作原理和特点。

4）理解双喷头打印的优缺点。

2. 技能目标

1）能够根据FDM 3D打印机的需求选择合适的送丝机构。

2）能够根据打印件对颜色多样化的需求，正确使用多色打印。

3. 素养目标

1）培养学生精益求精的工匠精神。

2）提高学生正确认识问题、分析问题和解决问题的能力。

3）增强学生团队合作意识。

目前，FDM 3D打印机是市场中最为普遍的一类3D打印机，其中桌面级的FDM 3D打印机尤其受到人们的热捧。但是，目前FDM 3D打印机由于技术原因只能打印硬质材料（如PLA、ABS等），这已经远远不能满足人们的要求。所以，根据不同的使用需求，需要对送机机构进行结构设计计优化。

送丝机构原理动画

一、近程送丝机构

在传统的FDM 3D打印机中，由于喷头装置限制了打印材料的范围，主要问题为：首先，在传统的3D打印机中，打印材料的挤出轮与喷嘴的喷管距离较远，致使在打印柔性材料时丝材容易在挤出轮与喷管之间发生弯曲从而发生堵塞；其次，柔性材料的熔点较高，导致靠近喷嘴的喷管里的打印材料熔化而发生堵塞，同时挤出的丝材无法及时冷却从而导致打印件表面质量差等现象。

近程送丝机构（图2-66）将送料与熔融两部分结构合并，包括挤出轮、送丝轮、喷管和喷嘴等零部件。通过缩短挤出轮和送丝轮之间的距离，减小打印材料在输送过程中发生弯曲而堵塞的概率。近程送丝机构喷管的入口端延伸至挤出空间底端，喷嘴安装于喷管的出口端，喷管的外表面布置有散热片，散热片靠近喷嘴一端，对应散热片还设置有喷管冷却风扇。

二、远程送丝机构

近程送丝机构能够优先解决打印材料在输送过程中的弯曲堵塞问题，但挤出部分与熔融部分结构的合并，导致整体装置重量较大，X 轴的步进电动机负荷较大的同时，也将降低控制精度与灵活性。

远程送丝机构（图 2-67）主要通过挤出电动机来带动挤出齿轮，使打印材料通过铁氟龙管输送到达熔融部分，实现打印。这种结构具有稳定、快速的特点。

图 2-66　近程送丝机构

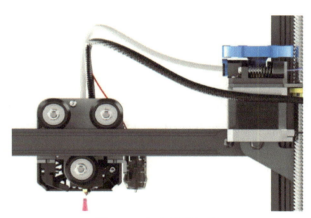

图 2-67　远程送丝机构

三、多色打印

通常的 FDM 3D 打印机由于是单一喷嘴的结构，所使用的打印材料颜色也较为单一，所以打印出的成形制件颜色也较单调，难以适应市场对于产品颜色多样化的需求。

双喷头打印（图 2-68）能够满足打印色彩不同的要求，同时，也能实现支撑材料与打印材料的分离打印，大幅度提高了打印效率。但这种结构在打印双色或多材料时，由于另一个打印头在待命状态下也会持续加热，所以会存在漏料的风险，且双喷头工作时的定位精度差，维护起来复杂，因而故障率高。

图 2-68　双喷头打印

思考与练习

通过对送丝机构的学习，能针对 3D 打印机进行需求分析，并根据需求选择合适的送丝机构。并回答下面的问题。

1）打印柔性材料的时候应选用哪种送丝机构？
2）送丝机构与喷头是如何配合工作的？
3）简述多喷头打印的优缺点。

任务八　FDM 3D 打印机结构方案的选择

面向岗位工作描述

本任务以解决在使用 3D 打印机中遇到的实际问题为目标，以任务为驱动，结合人才培养目标要求，锻炼学生创新思维，掌握不同结构的 FDM 3D 打印机的特点，能够根据实际需求选择 FDM 3D 打印机。

任务目标

学习三种不同结构类型的 FDM 3D 打印机特点，根据需求合理选择 3D 打印机结构类型。

1. 知识目标

1）理解箱式、龙门式、三角洲式结构 FDM 3D 打印机的工作原理。
2）掌握不同结构类型的 FDM 3D 打印机的优缺点。

2. 技能目标

1）能够辨别不同结构类型的 FDM 3D 打印机。
2）能够根据实际需求合理选择 FDM 3D 打印机。

3. 素养目标

1）培养学生严谨务实、遵守规范、精益求精的工匠精神。
2）提高学生正确认识问题、分析问题和解决问题的能力。
3）促进学生德智体美劳全面发展。

目前主流的桌面级 FDM 3D 打印机按照结构主要分为三种：箱式、龙门式和三角洲式。接下来对这三种桌面级 FDM 3D 打印机进行介绍。

一、箱式 FDM 3D 打印机

箱式 FDM 3D 打印机，如图 2-69 所示，它通过三轴传动且互相独立。打印头通常在水平方向（X 轴和 Y 轴）移动，打印平台在垂直方向（Z 轴）移动。三个轴分别由三个步进电动机独立控制，部分机型采用双 Z 轴设计、两个步进电动机，可以保证打印

图 2-69　箱式 FDM 3D 打印机

平台在上下移动时更加平稳,提高打印的垂直精度和稳定性。X 轴、Y 轴、Z 轴结构简单,独立控制的三个轴使箱式 FDM 3D 打印机的稳定性、打印精度和打印速度能维持在比较高的水平。可用于制造小型零部件、模具等,在一些对精度要求较高的制造场景中有应用价值。同时,箱式 FDM 3D 打印机的结构较为封闭,所以不易受到外界的干扰和影响,并且噪声相对较小,但是也导致散热以及后期维护相对麻烦。

二、龙门式 FDM 3D 打印机

龙门结构又称 i3 结构,龙门式 FDM 3D 打印机如图 2-70 所示,它的喷头在 X 轴和 Z 轴方向实现左右和上下位置的移动,而 Y 轴方向的移动可通过打印平台的前后移动来实现,这种稳固的框架结构使得喷头在移动过程中能够保持稳定,使得龙门式 FDM 3D 打印机在打印速度和打印精度方面具有较出色的表现。但是,Y 轴行进的惯性影响以及打印件在成形过程中越来越重,将会导致 Y 轴电动机发热严重甚至丢步。

龙门式 FDM 3D 打印机由于结构简易,成本相对较低,并且维修便捷,因此受到非常多的 FDM 3D 打印机用户的青睐,可用于制造原型零件、模具等,也可作为教学工具,让学生能够直观了解 3D 打印技术的原理和过程,培养学生的创新思维和实践能力。

三、三角洲式 FDM 3D 打印机

三角洲式 FDM 3D 打印机是通过并联臂结构,利用一系列互相连接的平行四边形来精确控制喷头在三维空间中的位置的,如图 2-71 所示。在同样的成本下,采用并联臂结构能设计出打印尺寸更高的 3D 打印机,即三角洲式 FDM 3D 打印机的打印空间大,适合打印大型物体;打印速度快,并联臂的设计使得打印头能够快速移动;精度较高,通过精确的运动控制,可以实现较高的打印精度。但相比其他类型的 3D 打印机,三角洲式 3D 打印机的校准过程较为复杂,需要对多个参数进行调整,也需要较高的技术水平和维护成本。

图 2-70 龙门式 FDM 3D 打印机

图 2-71 三角洲式 FDM 3D 打印机

思考与练习

通过该任务的学习,再结合 FDM 3D 打印机使用中的问题和需求进行分析,选择合适的机型结

构，并回答下面的问题。

1）打印 ABS 等高温材料时，应选取哪种结构的 FDM 3D 打印机？
2）在学习的三种结构 FDM 3D 打印机中，是如何实现对打印机 X、Y、Z 轴的运动控制的？
3）简述箱式 FDM 3D 打印机的优缺点。

任务九　FDM 3D 打印机零部件调试

面向岗位工作描述

本任务为对 FDM 3D 打印机进行适当调试，结合人才培养目标要求，使学生掌握 3D 打印机的调试方法。

任务目标

对 FDM 3D 打印机零部件进行调试。

1. 知识目标

1）掌握喷头滑块晃动的调试方法。
2）掌握打印平台中间低、四周高时的调试方法。
3）掌握 Z 轴限位开关的调试方法。

2. 技能目标

1）能够完成喷头滑块晃动的调试。
2）能够完成打印平台中间低、四周高时的调试。
3）能够完成 Z 轴限位开关的调试。

3. 素养目标

1）培养学生严谨务实、遵守规范、精益求精的工匠精神。
2）提高学生正确认识问题、分析问题和解决真实问题的能力。
3）学生树立正确的劳动观念。

在装配 FDM 3D 打印机过程中会碰到各零部件晃动或抖动的问题，以下列举一些常见的问题，便于学生掌握相关的调试方法。

一、喷头滑块晃动的调试

方法 1：
使用开口扳手旋松喷头滑块下面的偏心螺母，调节至滑块不晃动，滑轮来回移动顺滑即可，再紧固偏心螺母，如图 2-72 所示。

方法 2：
拆卸风扇罩和喷头组件，接着拆卸 X 轴右侧被动块，将传动带从卡槽中取出，再取下喷头滑块组

图 2-72　调节偏心螺母

件，利用开口扳手将三个滑轮上的螺母旋松，然后用手向下压滑轮，再拧紧螺母（图2-73）。接着将滑块组件安装到型材，测试滑块是否晃动或者过紧。如果过紧，可用开口扳手调节偏心螺母，调试完成后，再将传动带等复原即可。

二、打印平台中间低四周高的调试（图2-74）

方法1：

手动转动Z轴丝杠，将X轴组件升高，取下平台玻璃纤维板，在热床中间放置两层纸，再安装上玻璃纤维板将其压住，重新回原点调整平台即可。

方法2：

替换一块厚度为3mm的玻璃，并装夹到固定架，再重新回原点调整平台即可。

图2-73 调节滑轮

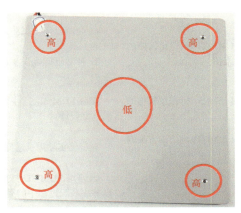

图2-74 打印平台中间低四周高的调试

三、Z轴限位开关的调试

在调平过程中，如果喷嘴与平台距离太远或太近，则将Z轴限位开关调低或调高一些，再拧紧螺钉，然后重新回原点调整平台即可。

思考与练习 ▶

通过该任务，掌握3D打印机的喷头滑块晃动的调试、打印平台调平以及Z轴限位开关调试方法，并回答下面的问题。

1）成形制件的质量主要决定于哪些因素？

2）若3D打印机在打印过程中发生零部件严重晃动现象，该如何解决？

3）喷头与打印平台发生碰撞时该如何解决？

走进增材制造

项目评价单

任务	评价内容	分值	评分要求	得分
初识 FDM 3D 打印制作喷气式发动机手办模型	1. 对喷气式发动机手办模型完成切片设置 2. 对喷气式发动机模型完成打印及后处理	10	未完成一项扣 5 分	
FDM 3D 打印机 Y 轴组件的装配	完成 FDM 3D 打印机 Y 轴组件的装配	10	未完成扣 10 分	
FDM 3D 打印机喷头组件的装配	完成 FDM 3D 打印机喷头组件的装配	10	未完成扣 10 分	
FDM 3D 打印机 X-Z 轴组件的装配	完成 FDM 3D 打印机 X-Z 轴组件的装配	10	未完成扣 10 分	
FDM 3D 打印机整机装配	完成 FDM 3D 打印机整机装配	10	未完成扣 10 分	
FDM 3D 打印机常见故障的检修与维护	1. 判断打印机发生故障的原因并拟定解决方案 2. 针对打印机发生出现的故障完成排故与维护	10	未完成一项扣 5 分	
FDM 3D 打印机送丝机构的选择	完成 FDM 3D 打印机的三种不同送丝机构的选型设计	10	未完成扣 10 分	
FDM 3D 打印机结构方案的选择	能根据实际需求选择合适的机型结构	10	未完成扣 10 分	
FDM 3D 打印机零部件调试	能够对 FDM 3D 打印机零部件进行调试，以解决装配过程中的晃动等问题	20	未完成扣 20 分	
总分				

项目三

基于 3D 打印技术的脊柱侧弯支具产品开发案例

项目导入

项目三介绍了 3D 打印技术在医疗领域的真实应用案例,以 3D 打印的脊柱侧弯支具代替传统脊柱侧弯支具为例,按照企业常见工作流程,以任务为驱动:任务一从患者的角度了解传统支具的痛点,并将其和 3D 打印技术的优势相对应。任务二从手持式三维扫描仪操作和方案制订的角度出发,培养扫描不同的模型以快速获取数据的能力。任务三对真实患者的伤情部位扫描完成数据采集,掌握人体数据获取的相关知识和技能。任务四对三维扫描获得的躯干模型数据进行逆向建模,获取初级支具模型数据。任务五对支具模型进行拓扑优化,进行设计探索,提高开发效率。任务六根据支具产品需求选择材料和加工技术路线,拟定工艺参数并评估工艺质量风险,做好风险控制预案,最后开始支具的 3D 打印制作。任务七学习使用相关检测设备进行检测并完成检测报告,掌握 3D 打印件常见质量问题和解决办法。任务八秉承"以人为本"的核心设计理念对最终出品的 3D 打印医疗支具的患者适配感受、患者和医生的综合评估,建立以需求导向的创新设计工作全过程理念。通过医疗支具项目的学习与实践,学生能够体会 3D 打印技术在医疗领域的应用潜力和价值,探索 3D 打印技术在更多领域的更多应用场景。

任务一 启动 3D 打印医疗项目

面向岗位工作描述

本任务从数字化医学创新中心的体验观察出发,分析传统的骨科治疗支具的痛点,提出制造新型支具代替传统支具的项目。

任务目标

1)了解医学治疗中 3D 打印相关主要岗位职责,包括扫描、设计和 3D 打印制作。

2）分析传统治疗的痛点，根据 3D 打印技术的性能特点提出解决方案。

1. 知识目标

1）理解"以人为本"的科学发展观理念。

2）理解医疗行业对 3D 打印技术的需求及其技术优势。

3）理解医疗支具的痛点及待解决的问题。

2. 技能目标

1）熟悉 3D 打印在医疗行业的应用与技术优势。

2）熟悉脊柱侧弯的判断方法以及不同程度侧弯的矫正方案。

3）掌握通过用户的需求痛点来确定优化设计的目标。

3. 素养目标

1）培养学生严格遵守规范、精益求精的工匠精神。

2）提高学生正确认识问题、分析问题和解决问题的能力。

3）学生树立正确的劳动观念。

以人为本，是胡锦涛同志提出的科学发展观的核心（图 3-1）。党的二十大报告突出了以人为本的理念，执政为民的情怀，体现了中国共产党全心全意为人民服务的根本宗旨。

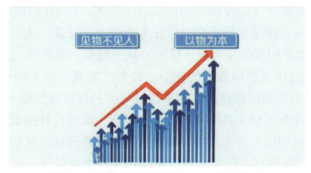

图 3-1　科学发展观的核心——以人为本

一、3D 打印与医疗的结合

医学 3D 打印系统是一种融合了多种前沿医疗技术的先进系统，包括器官分割、数值分析、三维重建和 3D 打印。它是一种理想的手术策划、手术模拟、医学研究、医疗实践等，解决术前病灶预览不清晰、医患沟通不畅、手术计划不完善等问题。医学 3D 打印实例如图 3-2 所示。

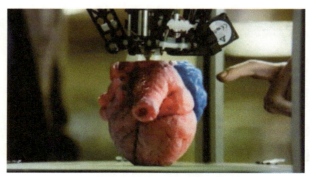

图 3-2　医学 3D 打印实例

利用 3D 打印技术打印的器官模型在外观等方面与真实器官相似，能够最大限度地还原目标器官的解剖结构，可以帮助医生清晰地了解病灶，从而有效地提高诊断的准确性，最大限度地提高手术成功率。医疗与 3D 打印的结合表现在以下几方面。

1）手术指导：如图 3-3 所示，提示清晰可视化的患者器官可以帮助医生更好地了解疾病，有助于做好术前规划和手术模拟，改善手术计划，缩短手术时间，降低手术风险，提高手术成功率。

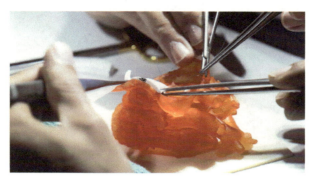

图 3-3　手术指导

2）医患沟通：如图 3-4 所示，对于没有医学知识的患者，往往很难理解病变和手术方案。利用 3D 打印靶器，能够帮助病人及其家属直观地了解病灶，便于了解病情、手术方法及并发症，使医生与病人的交流更为顺畅。

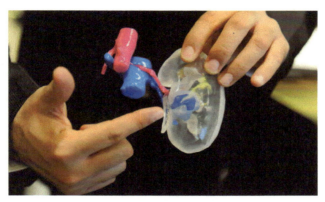

图 3-4　医患沟通

3）医学教育及研究：如图 3-5 所示，由于某些伦理问题和昂贵的教学模型，解剖课程传统上是利用教科书和视频进行教学，医学生通常很难看到生动的解剖结构。利用 3D 打印技术能较真实地展示具体的解剖样本，使医学生更容易了解解剖结构。

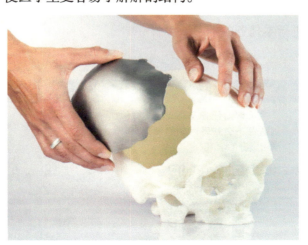

图 3-5　医学教育及研究

4）3D 建模：如图 3-6 所示，利用计算机断层扫描或 MRI 等图像的原始数据分割，实现特定组织、器官、病变部位、血管等的三维重构，形成可编辑的三维数字模型。

图 3-6　3D 建模

5）方便沟通：如图 3-7 所示，将目标器官分割所生成的三维数字模型发送给用户，用户可以随时通过移动端观看，对重建模型及其组成部分任意放大、缩放、旋转、透明化等操作，全面观察病变解剖位置以及它与邻近器官、血管的关系。

图 3-7　基于三维数字模型沟通

二、学习流程

请依照表 3-1 中流程进行本任务的学习。

表 3-1　本任务的学习流程

序号	学习流程内容	工具	目标	备注
1	课前任务及《增材制造医工交互研讨会记录》等学习资源	计算机/手机	完成课前任务及完成《增材制造医工交互研讨会记录》等学习资源的学习	增材制造医工交互研讨会

（续）

序号	学习流程内容	工具	目标	备注
2	关于个人喜好与职业选择调查问卷（由此作为组内分工的依据）	计算机/手机	完成问卷调查及组内分工	**个人喜好与职业选择调查问卷** 为了更好地了解团队成员的兴趣爱好和就业倾向，以便进行有效的组内分工，我们特制定了此份调查问卷。请您根据自己的实际情况，认真、客观地填写以下问题。将根据您提供的信息来优化团队结构和工作流程，确保每位成员都能在适合自己的岗位上发挥最大的潜力。感谢您的支持与合作！ **个人信息** 1. 您的姓名：________ 2. 您的性别：（单选） - 男 - 女 - 其他 **兴趣爱好** 3. 您平时喜欢参与哪些类型的活动？（多选） - 体育运动 - 阅读写作 - 艺术创作（如绘画、音乐等） - 科技探索 - 旅游探险 - 烹饪美食 - 其他，请具体说明：________ **就业意愿** 4. 您期望的工作类型是：（单选） - 创意型工作（如设计、广告等） - 技术型工作（如编程、工程等） - 管理型工作（如项目管理、人力资源管理等） - 研究型工作（如科研、数据分析等） - 教育型工作（如教师、培训师等） - 销售型工作（如市场营销、客户服务等） - 其他，请具体说明：________
3	发布课前测试题	计算机/手机	完成课前测试题，正确率需达到100% 课前测试题	**课前测试题** **一、选择题** 1. 增材制造（3D打印）技术在医疗领域主要用于以下哪项应用？ -A. 生产日常消费品 -B. 制造定制化医疗器械 -C. 大规模生产标准零件 -D. 建筑施工 2. 下列哪种材料不适合用于增材制造医疗植入物？ -A. 钛合金 -B. 聚乳酸（PLA） -C. 不锈钢 -D. 生物玻璃 3. 在增材制造中，最常用的文件格式是： -A. DOCX -B. PDF -C. STL -D. XLSX 4. 哪种技术不是增材制造的范畴？ -A. FDM（熔融沉积建模） -B. CNC（计算机数控加工） -C. SLA（立体光刻） -D. SLS（选择性激光熔化） 5. 个性化医疗解决方案通过增材制造实现的主要优势之一是： -A. 成本效益高 -B. 批量生产速度快 -C. 高度定制性 -D. 易于维护和修理
4	发布任务书，调查数字化医学在临床医学的应用案例	计算机/手机	调查并记录数字化医学在临床医学的应用案例 数字化医学在临床医学的应用案例调查表	**数字化医学在临床医学的应用案例调查表** 班级 | 姓名 | 学号 调查对象 | 日期 调查内容： 备注
5	医生介绍医院数字化医学创新中心的主要工作及创新中心3D打印工作三个主要岗位职责	笔记本、笔	填写工作手册，内容包括医院数字化医学创新中心功能、软硬件设备、工作职能	 参观创新中心

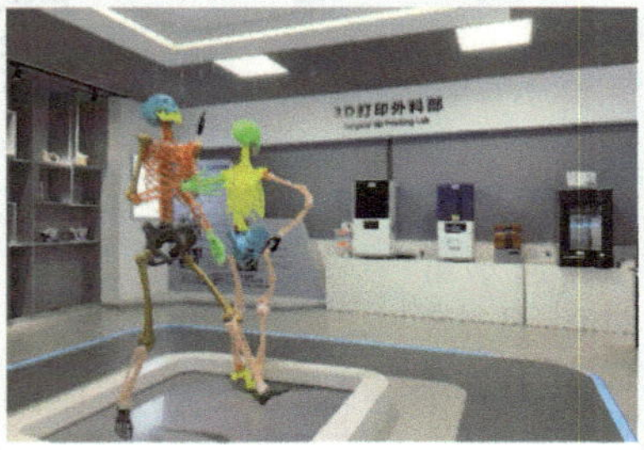

(续)

序号	学习流程内容	工具	目标	备注
6	医生讲解脊柱侧弯判断方法以及不同程度侧弯的矫正方案	笔记本、笔	1. 学习脊柱侧弯判断方法，学生分组按该筛查方法筛查各自组员是否存在脊柱侧弯 2. 体验脊柱侧弯的康复运动治疗 3. 佩戴应对不同程度的脊柱侧弯支具，感受患者体验 4. 了解传统脊柱侧弯固定板材料、工作流程中的优缺点 5. 通过真实的感官体会患者的痛点 6. 了解并记录传统脊柱侧弯固定板的作用及工作流程 7. 记录在固定过程中用户的体验 8. 反思传统材料及工作流程中的优缺点	体验传统脊柱侧弯支具，掌握基本的医疗知识以及支具的安装流程
7	医生通过虚拟仿真系统展示脊柱侧弯后需要固定位置的名称及修复工作的功能特点	计算机/手机	通过虚拟仿真系统观察骨骼内部组织及功能结构，了解人体骨骼的构成及形态特点，熟悉骨骼的解剖结构及功能特性	通过混合现实医疗设备，了解骨骼的结构及功能特性
8	了解当前传统脊柱侧弯支具的痛点及待解决问题	笔记本、笔	1）反思支具固定过程中的工作细节 2）了解佩戴支具的重量、透气性、时长等 3）总结本堂课的体验与收获 4）记录体验中的痛点及解决思路 5）记录在对支具进行改良的过程中医护专业性指标参考值	反思支具固定过程中的工作细节，通过医生对医学专业性的点评，为接下来的支具设计提供技术参考
9	了解项目内容，布置小组任务	笔记本、笔	听取对项目内容的说明及布置小组任务 关于传统脊柱侧弯支具的痛点及解决方案	关于传统脊柱侧弯支具的痛点及解决方案 | 序号 | 痛点 | 解决方案 | | 1 | 支具的透气性 | | | 2 | | | | 3 | | | | 4 | | | | 总结 | | |
10	发起小组讨论：从患者的角度用关键词总结治疗过程中的痛点	笔记本、笔	从患者的角度用关键词总结治疗过程中的痛点	

项目三　基于3D打印技术的脊柱侧弯支具产品开发案例

（续）

序号	学习流程内容	工具	目标	备注
11	介绍3D打印技术在医学领域已形成的理念和工作步骤	计算机/手机	了解3D打印技术在医学领域已形成的理念和工作步骤	需求分析与设计：医生根据患者的CT、MRI等影像资料，评估病情并确定需要3D打印的部位和功能要求。利用专业软件进行三维建模，设计出符合患者解剖结构的医疗器械模型 材料选择与预处理：根据医疗器械的使用要求（如生物相容性、强度、耐久性等），选择合适的3D打印材料（如钛合金、生物陶瓷、高分子材料等）。对选定的材料进行必要的预处理，如干燥、混合等，以确保打印质量 打印与后处理：将设计好的三维模型导入3D打印机，设置合适的打印参数（如层厚、速度、温度等），开始打印过程。打印完成后，进行必要的后处理，如去除支撑结构、打磨光滑表面、消毒灭菌等 临床应用与评估：将经过严格测试的3D打印产品应用于临床治疗中，观察其实际效果并进行评估。根据临床反馈不断优化设计方案和打印工艺，以提高产品的适用性和有效性 持续改进与创新：随着技术的不断进步和临床需求的不断变化，持续探索新的应用领域和技术创新点，推动3D打印技术在医学领域的深入发展 观看3D打印支具，了解3D打印在医疗行业的应用
12	从观察、访谈、体验三个维度展开同理心地图讨论	计算机/手机	根据同理心地图梳理患者的体验感受及实际困难	绘制同理心地图
13	通过换位思考获得患者真实的需求，并梳理需要解决的产品痛点	笔记本、笔	通过换位思考，了解患者的所感所想，分析用户需求	
14	将产品痛点和3D打印技术的优势相对应，组织讨论价值主张画布	计算机/手机	完成产品设计价值主张画布，梳理出要设计的产品目标以及需要实现的功能优化清单	通过价值主张画布（The Value Proposition Canvas），实现功能的优化清单

> **思考与练习**

在了解了传统骨科治疗支具的痛点后，制订3D打印新型支具代替传统支具的解决方案。并回答下面的问题。

1) 3D打印技术在医疗领域的应用优势有哪些？
2) 列举几个3D打印技术在医疗领域的应用案例。
3) 为确保项目正确开展，需要注意的事项有哪些？

任务二 手持式三维扫描仪操作和方案制订

面向岗位工作描述

本任务从手持式三维扫描仪操作和方案制订的角度出发，主要培养该岗位利用三维扫描获取不同模型数据的相关知识和技能。

任务目标

要求掌握手持式三维扫描仪的操作使用流程，会使用手持式三维扫描仪去扫描不同的模型。

1. 知识目标

1）理解手持式三维扫描仪的工作原理。
2）理解手持式三维扫描仪的操作流程。

2. 技能目标

1）掌握手持式三维扫描仪的工作原理和操作流程。
2）会使用手持式三维扫描仪扫描人体模型。
3）会使用手持式三维扫描仪对工业产品进行三维扫描以获取数据。

3. 素养目标

1）规范操作设备，具有良好的标准意识和规范意识。
2）通过制订方案、实施扫描、辅助扫描对象来培养团队协作精神。
3）通过不断修改扫描方案培养精益求精的工匠精神。

一、手持式三维扫描仪的工作原理

手持式三维扫描仪具有很高的测量精度，适用于相对尺寸的测量与质量管理；其光学扫描速度快、精确度适当，并且可以扫描立体的物品以获得大量点云数据，利于曲面重建；扫描完成后通过计算机导出数据，通常这部分工作称为反求工程前处理。

手持式三维扫描仪系统本身主要包括激光测距系统和激光扫描系统，同时也集成了CCD和仪器内部控制及校正系统等。在仪器内，通过两个同步反射镜快速而有序地旋转，将激光脉冲发射体发出的窄束激光脉冲依次扫过被测区域，通过测量激光脉冲从发出经被测物表面再返回仪器所经过的时间（或者位置差）来计算距离，同时扫描控制模块通过控制和测量每个脉冲激光的角度，最后计算出激光点在被测物体上的三维坐标值。

手持式三维扫描仪 iReal 2E 是通过红外 VCSEL（垂直腔面发射激光器）投射出非周期随机数字散斑到被测物体上，由于数字散斑的随机性，使得物体表面上任意一点的高度信息由该处散斑图像的微小领域唯一确定，两组相机根据散斑的变化和两个相机视差计算图像对应点间的位置偏差，计算出物体上的某一点的空间位置坐标（X，Y，Z），从而获取物体的三维点云数据。

在手持式三维扫描仪的工作过程中，光线会不断变化，而软件会及时识别这些变化并加以处理。由于光线投射到扫描对象上的频率高，所以在扫描过程中移动扫描仪，哪怕扫描时动作很快，

项目三 基于3D打印技术的脊柱侧弯支具产品开发案例

也同样可以获得很好的扫描效果。该手持式三维扫描仪 iReal 2E 通过特征拼接、纹理拼接功能，无需贴点也可以完成模型的扫描（图 3-8）；还可通过在物体表面上粘贴标记点完成标记点拼接，形成独特的混合拼接。

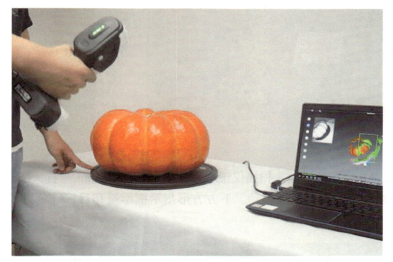

图 3-8　手持式三维扫描仪 iReal 2E 无贴点扫描物体信息

二、手持式三维扫描仪扫描操作流程

1. 连接扫描仪

如图 3-9 所示，先将扫描仪与计算机相连，再接通电源。

操作手持式三维扫描仪

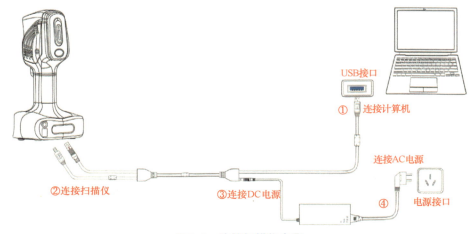

图 3-9　连接扫描仪步骤

2. 精度标定

扫描仪工作原理需要知道扫描仪相机之间的距离与夹角，而两个相机之间的夹角往往因为温度变化、剧烈颠簸等不可抗力因素导致参数变化。为了使重建的数据更精准、拼接时更加流畅、标记点扫描时精度更高，需要通过标定板对相机内部参数进行校准，校准后的参数保存至配置文件。

1）在扫描仪软件界面选择"标定"，连接扫描仪，拿出标定板，其参考不能倒置，等待已连接状态，再单击"标定"按钮，如图 3-10 和图 3-11 所示。

图 3-10　标定界面

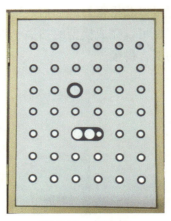

图 3-11　标定板

2）将标定板放置在稳定的平面，扫描仪正对标定板，距离 400mm 左右，按下扫描仪开关键，按照标定软件提示要求，跟随蓝色模型移动。下方方形指示框尽量和目标红色方形框重合，如图 3-12 所示。

图 3-12　根据提示完成扫描仪标定

3）标定完成，标定精度只做参考，没有具体含义，如图 3-13 所示。

图 3-13　完成扫描仪标定

3. 白平衡标定

白平衡标定的目的是为了按照现在的光照环境校准颜色基准，防止造成环境光污染。

1）如图 3-14 所示，根据你拥有的色卡，选择相应的计算方式，标定板自带为灰卡，A4 白纸可以充当白卡。

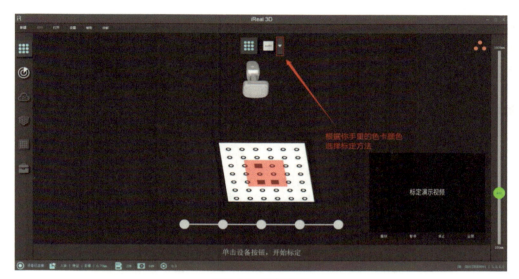

图 3-14　选择色卡

2）观察右上角十字中心位置，将扫描仪对准灰卡或白卡，距离 400~500mm，保持 5s，如图 3-15 所示。

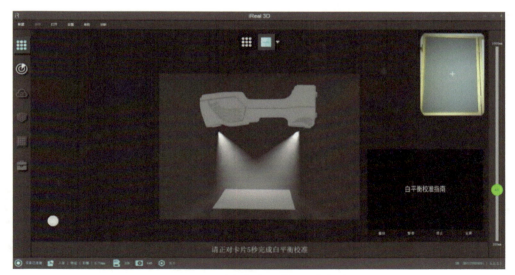

图 3-15　对准灰卡完成白平衡标定

4. 扫描准备

1）观察被扫描对象物品、生物的大小、颜色、材质，是否易变形等。

2）观察扫描环境，考虑暗、亮、狭小、危险等因素。

3）快速标定。

4）单击"扫描"按钮进入扫描界面。

5）选择或者新建合适的扫描模式，默认有人像模式、物体模式、无关模式。

6）选择合适的分辨率。

7）此时，扫描仪处于连接状态，若显示未连接，查看诊断窗口。

5. 扫描进程中

1）单击扫描仪软件界面上的按钮进入预览状态，在这个状态下，可以观察软件界面上会出现一些"影子"，这是扫描仪捕捉到的一些三维点云数据（即点云），此时能通过点云的稀疏程度来判断被扫描对象是否容易被扫描和距离是否合适。

2）再次单击扫描仪上的按钮，暂停预览，再次单击，则正式开始扫描，可根据一些扫描技巧和扫描手法完成扫描。

3）当使用熟练了以后，如果不需要扫描前进行预览，可以单击"设置"，关闭预览功能，如图 3-16 所示。

图 3-16　扫描预览关闭

4）在扫描过程中，若是一扫而过，局部贴图会偏暗或是边缘数据噪点过多，需要平稳地扫描，以及变换扫描仪的角度对各个角度进行补充扫描。若要数据质量好，即贴图清晰度高、模型表面质量光顺、噪点少，需要将扫描距离控制 400mm 左右比较好。如人脸扫描、高分辨率精细扫描（点间距 ≤ 0.5mm）。对于易拼接特征部位（特征多），可以尽量近距离扫描，这样数据质量好；对于难以拼接特征的部位（特征少），可以远距离扫描，这样不容易拼错。

6. 扫描完成后

当扫描完成后，可以通过菜单栏命令按钮保存为扫描工程，以便下次可以接着扫描使用。也可以单击"完成"按钮，进行点云计算，在此之前可以先在右边下拉框中选择不同的分辨率，如图 3-17 所示，再进行点云计算。

扫描后，若需要更改分辨率，单击"色谱显示"按钮，可以查看是否需要补充扫描。

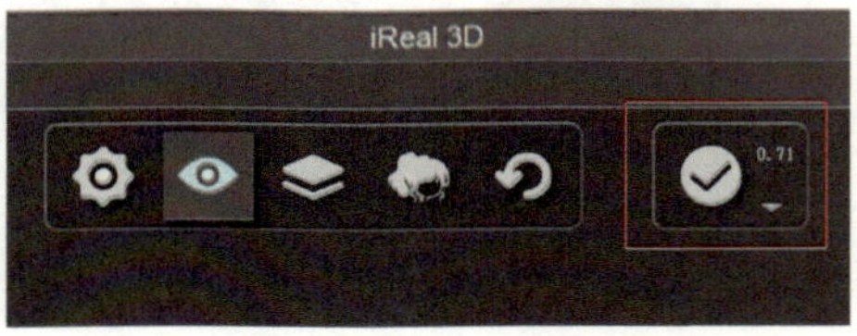

点云处理：工具栏命令按钮可以做去除孤立点、非连接项等操作，单击网格化旁边的下拉框，

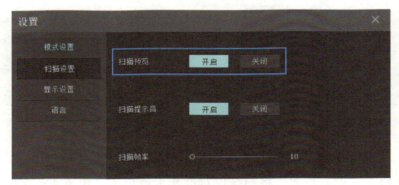

图 3-17　调节分辨率

选择补洞方式、是否优化网格、是否简化网格（推荐使用）、是否进行标记点补洞、是否需要补小洞，然后再生成网格。

网格处理：工具栏命令按钮可以做网格简化、网格细化等操作，单击贴图旁边的下拉框，选择是否进行贴图平滑，再生成贴图。

三维扫描流程图如图 3-18 所示。

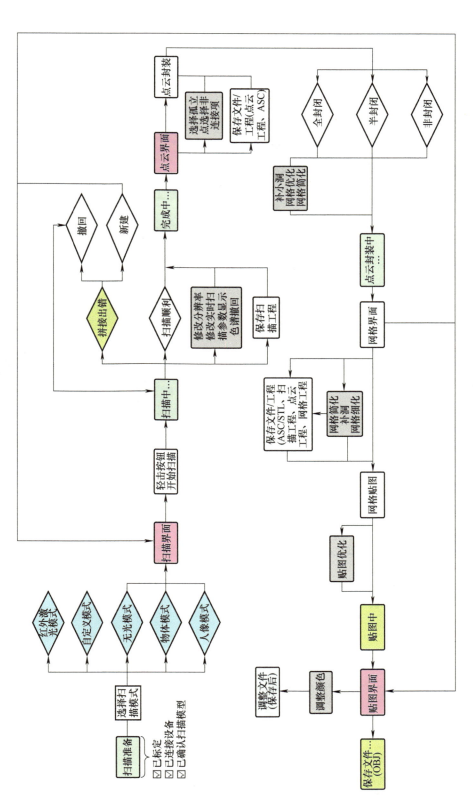

图 3-18 三维扫描流程图

走进增材制造

三、学习流程

请依照表3-2中流程进行本任务的学习。

表 3-2 本任务的学习流程

序号	学习流程内容	工具	目标	备注
1	通过观看操作手持式三维扫描仪微课视频，学习理论知识并回答问题	手机/计算机	掌握手持式三维扫描仪理论知识，正确回答问题 操作手持式三维扫描仪	
2	自主学习两个微课视频"如何正确使用手持式三维扫描仪""手持式三维扫描仪的应用"等学习资源	手机/计算机	完成相应学习资源的学习 手持式三维扫描仪的应用	如何正确使用手持式三维扫描仪 手持式三维扫描仪的应用
3	完成课前测试题	手机/计算机	完成课前测试题，并保证正确率达到100% 课前测试题	课前测试题
4	接受关于喜好及就业倾向性的调查问卷，结合理论、实践、沟通表达方式，并如实填写	手机/计算机	完成调查问卷 个人喜好与职业选择调查问卷	

项目三　基于3D打印技术的脊柱侧弯支具产品开发案例

（续）

序号	学习流程内容	工具	目标	备注
5	操作手持式三维扫描仪		完成三维扫描仪的标定和校准	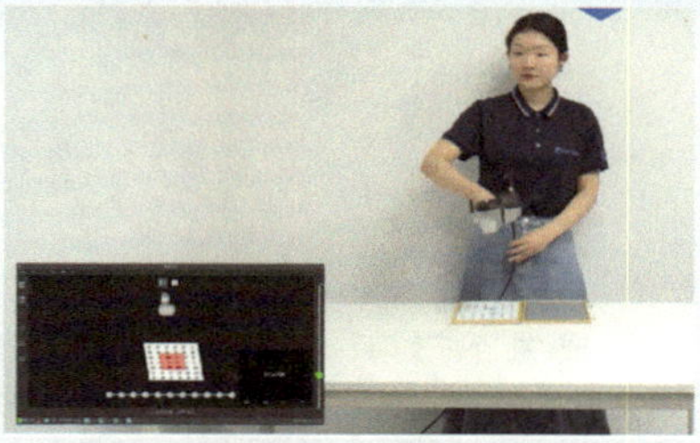
6	设置扫描界面参数（清晰度、曝光率、黑色物体、标定点等）	手机/计算机	了解不同环境下扫描界面参数的设定	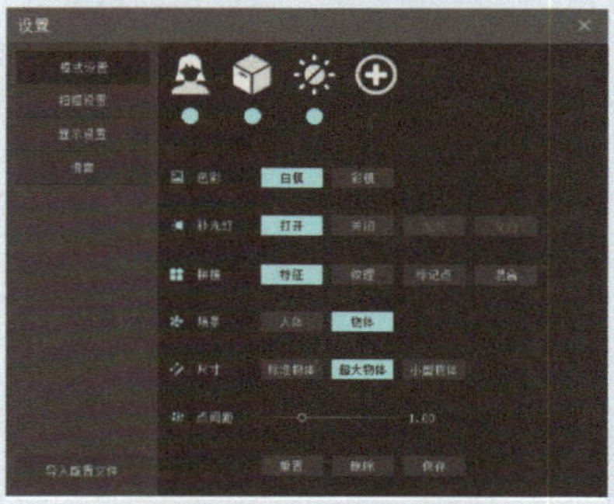 扫描界面参数设置
7	学习扫描方案的实施	手机/计算机	1）扫描前先对被测物体进行清洁 2）根据被测物体形态设定扫描参数，选择特征拼接；场景选择物体；尺寸选择标准物体；针对模型上的细小插孔扫描，所以将点间距设置为0.4mm 3）开始扫描，由于被测物体呈矩形状，扫描时由最大表面开始，再到模型侧边扫描，分两次对模型的正面与背面进行扫描 4）扫描完成后，在扫描软件中对被测物体数据进行处理以及拼接	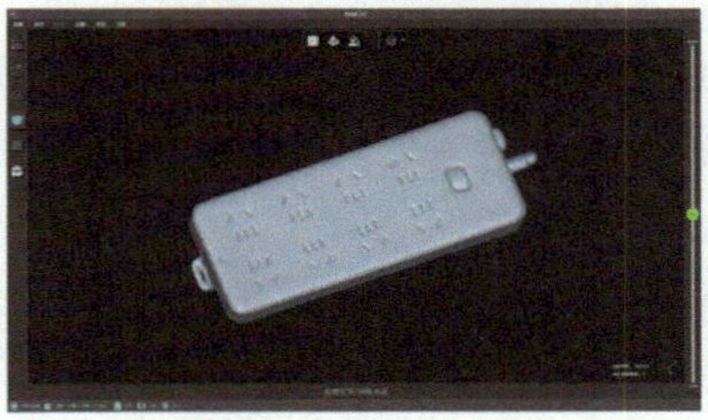

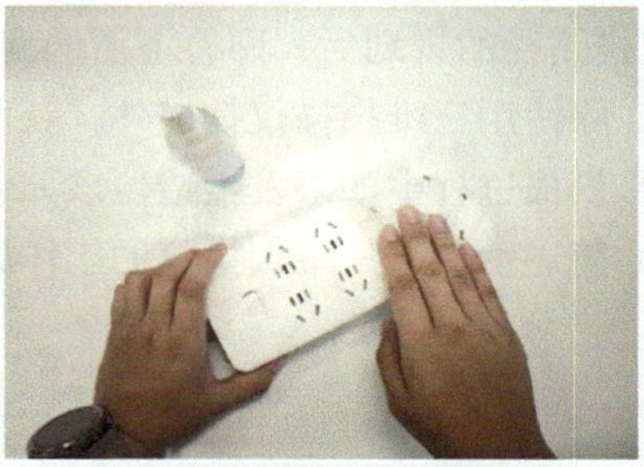

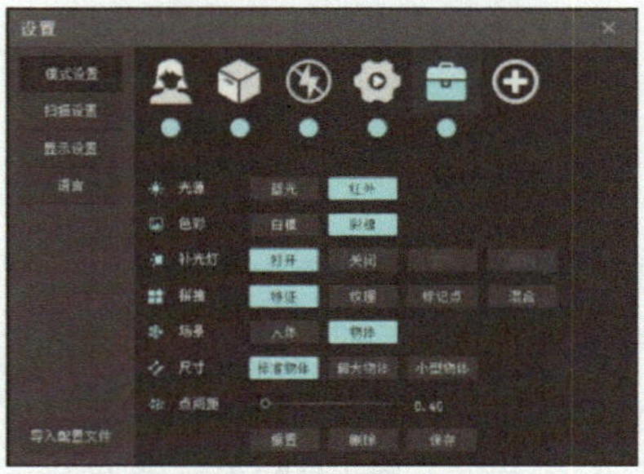

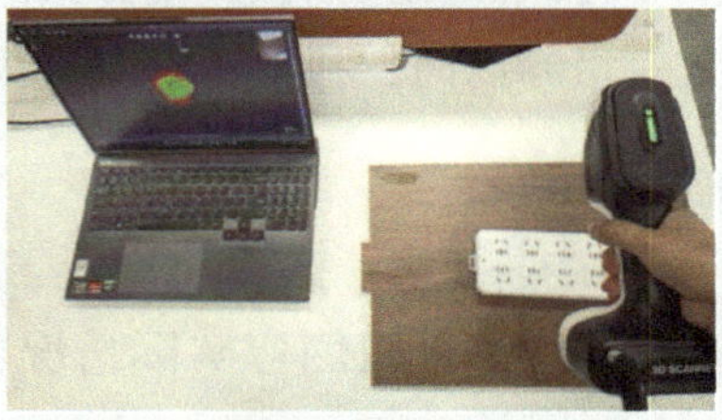

（续）

序号	学习流程内容	工具	目标	备注
8	完成关于扫描方案和路径制订的测试	手机/计算机	掌握不同扫描件如何去制订和执行扫描方案与扫描路径	1）制订路径的前提需要形成闭环（闭环重合处需要进行多角度、多方位扫描），不然容易有叠层 2）扫描大型物体时，尽可能从平直面往四周扩散扫描。同时要留意闭环路径不能太长，不然拼接的精度无法保证 3）如果遇到黑色、透明、高反光的物体无法扫描时需要喷粉 4）尽量避免扫描以下物体：①易变形的物品，如裙子、薄纱等易飘动物体；②眼镜、手表、首饰、装饰品、黑亮皮鞋等反光、镜面、透光的物品，难以扫描完整、扫描细致，尽量脱掉再扫描；③细、小、薄、尖、长物品、容易随呼吸浮动、身体晃动的物品，难以扫描完整，且后期修图麻烦，尽量摘下或是遮挡起来

思考与练习

在学习了手持式三维扫描仪的工作原理、操作流程，以及针对人体躯干模型进行扫描方案的制订和扫描路径的规划后，回答下面的问题。

1）除使用三维扫描仪扫描外，获取物体三维实体模型的方法还有哪些？
2）扫描过程中如果发生错位该如何解决？
3）简述手持式三维扫描仪的工作原理。

任务三　患者身体特征数据的获取与扫描实操

面向岗位工作描述

本任务根据患者脊柱侧弯实际情况，要求使用三维扫描技术进行患者个性化身体特征的数据获取，完成手持式三维扫描仪扫描方案的制订，思考针对真实人体、大型不规则形状物体的扫描路径规划。主要培养该岗位利用三维扫描获取人体数据的相关知识和技能。

任务目标

1）根据患者脊柱侧弯实际情况，要求使用三维扫描技术进行患者个性化身体特征的数据获取。
2）完成手持式三维扫描仪扫描方案的制订。
3）思考针对真实人体、大型不规则形状物体的扫描路径规划。

1. 知识目标

1）掌握使用手持式三维扫描仪扫描人体特征的技巧。

2）掌握提升拼接精度的技巧。

2. 技能目标

1）会使用手持式三维扫描仪扫描人体模型。
2）会使用手持式三维扫描仪扫描真实人体。
3）会保障点云数据的拼接精度。

3. 素养目标

1）培养学生具有服务意识和人文关怀。
2）培养学生规范操作设备，具有良好的标准意识和规范意识。
3）通过制订方案、实施扫描、辅助扫描对象来培养团队协作精神。
4）通过不断修改扫描方案培养学生精益求精的工匠精神。

一、人体特征的三维扫描技巧

遇到特征比较少、体积小的区域，需要借助旁边的大特征进行拼接过渡。例如，扫描手掌侧边时，需要通过扫描手臂部分顺带把手掌侧边一起扫描进去，以顺利完成狭长部位的过渡拼接；在扫描头发时，由于头发难以算出点云（体积小以致特征点少），直接扫描头发容易拼错，因此尽量在扫描额头、肩部、背部的时候，顺带把头发一起扫描拼接起来。因为是顺带拼接，所以在扫描时，需将头发捋顺集中至一点或者扎起来（尤其是女生），可增加头发旁边的可拼接特征，依靠这些特征尽量扫描出更多的头发数据。

扫描时，尽量通过特征丰富且不易变动的大区域进行扫描过渡（类似扫描中转站）。例如，扫描腿部时，可从胯部扫描到一只脚，再由这只脚慢慢回扫到胯部，然后由胯部过渡到另一只脚，这样不容易拼错。

扫描站立全身时应注意以下问题。扫描手掌时，手指尽量合拢，这样比较容易扫描；扫描手臂时，胳膊贴着身体比叉腰更容易扫描；扫描腿部时，若两腿分开站立，则需要花费较长时间对双腿内侧进行扫描（图3-19）。若想要扫描单独的腿或手臂（如用于医疗康复或定制医疗器械），需要用辅具对相应部位进行固定，避免因抖动造成数据错层、拼接失败。

扫描路径需要形成闭环，增加特征拼接精度，整个过程要平稳、快速，这样扫描效果最好。对于易变动的部位可一次性扫描完成，且尽量避免再回扫。如可先将头部扫描完，再扫描其他部位，在之后的扫描中都不要再扫描头部，因为头部可能与身体发生位移，再次扫描或将出现叠层。

图3-19 通过iReal 2E彩色三维扫描仪获取人体数据

人体全身建议扫描路径：开始→胸部→正脸→耳朵→侧脸→额头及刘海→下巴→腹部→左前腿→腹部→右前腿→腹部→右前胳膊→右侧胳膊→左前胳膊→左侧胳膊→左后胳膊→右后胳膊→右后腿→左后腿→后脑勺→头顶→结束。

当拼接数据跟踪丢失时，需将扫描仪移回之前扫描过的区域停留2~5s进行找回，红色框显示的是拼接丢失的前一帧，对准这一帧位置较容易找回。如果不能找回，要换个特征明显的位置继续。扫描时，尽量先扫描特征多的区域，这样拼接丢失时很容易找回。若长时间未找回，可先单击硬件上的"暂停扫描"按钮，再次对准可找回区域，再单击"扫描"按钮尝试找回。

二、提升拼接精度技巧

扫描路径需要形成闭环，闭环重合处需要进行多角度扫描，同一区域不要反复扫描，一个扫描角度尽可能只扫描一圈。否则容易产生数据叠层。扫描中大型物品（如雕刻品、全身像）时，尽量从物品中间往四周扩散扫描。注意：尽量不要让闭环路径太长，否则拼接精度无法保证；扫描单平面物品（如平面浮雕）时，当横向（扫描仪移动轨迹）从物品中间往两边扫描完之后，可以竖向或者斜向扫描，或者水平旋转扫描仪角度，尽量保证扫描仪垂直于物品表面，这样点云数据量较多，通过进行多角度补充扫描，以保证特征、纹理的拼接精度。

三、学习流程

请依照表 3-3 中流程进行本任务的学习。

表 3-3　本任务的学习流程

序号	学习流程内容	工具	目标	备注
1	分组合作，尝试运用三维扫描仪扫描人体躯干模型，并上传扫描文件	手机/计算机	完成人体模型的扫描，激发学习三维扫描仪的兴趣	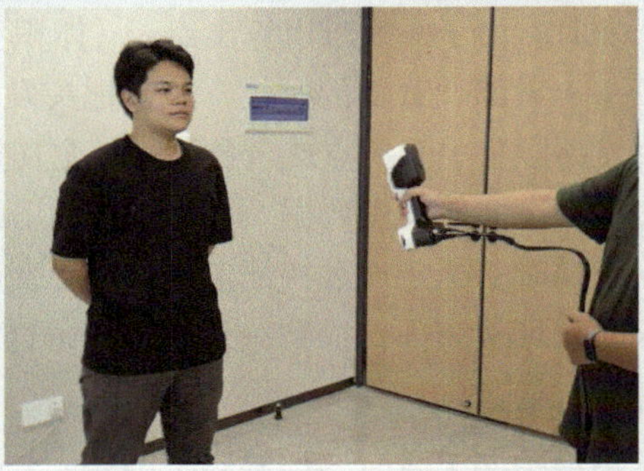
2	接受课前任务并自主学习"手持三维扫描仪与台式三维扫描仪的运用""手持三维扫描仪与台式三维扫描仪的后处理"微课视频等学习资源，初步扫描出人体模型	手机/计算机	了解如何制订扫描方案并完成模型的扫描	 如何正确使用手持式三维扫描
3	开展头脑风暴，讨论如何优化人体的扫描路径	手机/计算机	制订出最优的扫描路径	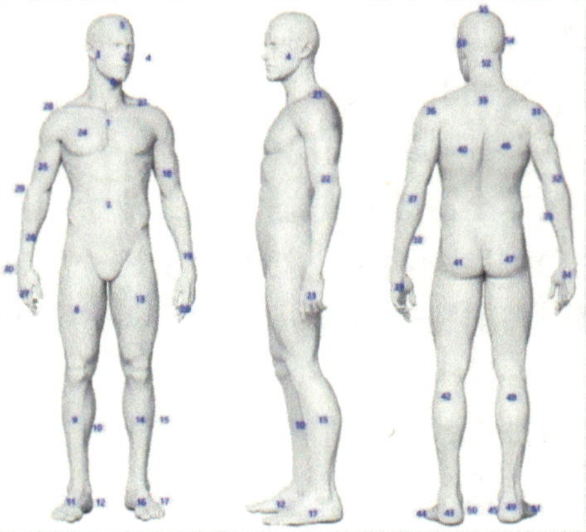

项目三 基于3D打印技术的脊柱侧弯支具产品开发案例

(续)

序号	学习流程内容	工具	目标	备注
4	根据教师提供的患者伤情对扫描方案进行针对性优化	手机/计算机	完成扫描方案的优化	
5	思考脊柱侧弯患者与正常人体在制订扫描策略的方案时是否会有不同	手机/计算机	分析脊柱侧弯患者与正常人体扫描的不同区别	脊柱侧弯患者的脊柱在正面观察时呈字母C形或S形,这是由于脊柱在冠状面上的非生理性弯曲造成的。这种弯曲可能会导致患者胸部或腰部的不对称,例如高低肩、胸椎向一侧或两侧弯曲等。在扫描过程中,这些特征会表现为在三维脊柱模型上的异常排列和曲率
6	总结患者皮肤、身材、骨形、伤情、心理状态等需要考虑的因素	手机/计算机	记录患者特征,分析扫描技巧,分析人体对象的各种独有特征以及它们对扫描结果造成的影响	
7	了解人体个性化特征	手机/计算机	不同年龄的人皮肤状态不同,从而对光的反射程度不同,数据获取难易程度不同;不同人的体型与骨关节特征,可能会有更多遮挡;患者伤情不同,其配合程度不同,扫描仪可以运行的空间位置不同	
8	以学生身边的患者为例,分析患者的痛点与期待,明确任务目标	手机/计算机	记录患者需求和任务目标	选取学生身边的案例引起共鸣,强化科技向善的信念
9	通过模拟试验,制订患者扫描方案	手机/计算机		方案制订表

组号	姓名	学号
方案名称	患者扫描方案	日期

方案实施材料及设备:

实施步骤:

备注	

走进增材制造

（续）

序号	学习流程内容	工具	目标	备注
10	获取患者数据，并对扫描文件进行处理	计算机	通过三维扫描仪扫描人体获得脊柱数据，扫描完成后单击"完成"按钮	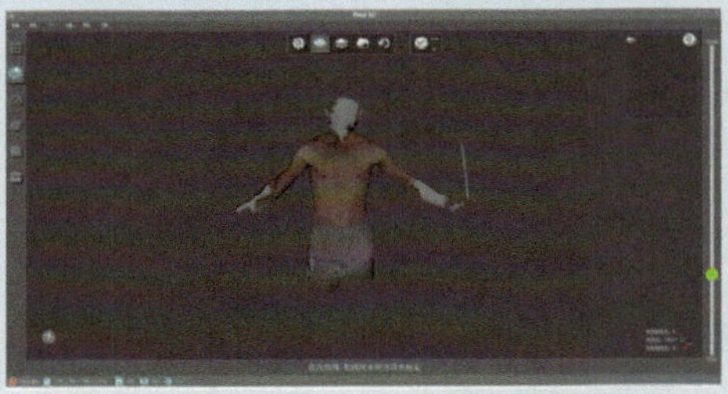
			1）将非脊柱区域的数据选中，按〈Delete〉键删除，完成后单击"封装"按钮	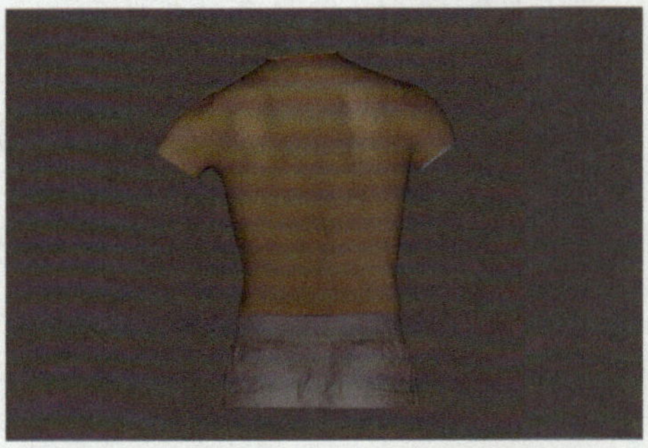
			2）在菜单栏选择"保存"，保存文件，导出 STL 格式网格数据	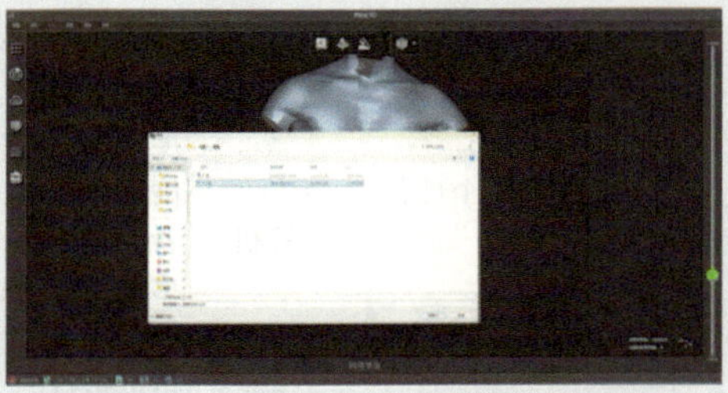
11	对扫描获取的患者数据的进行后处理	计算机	3）打开 Geomagic Wrap 软件处理扫描数据	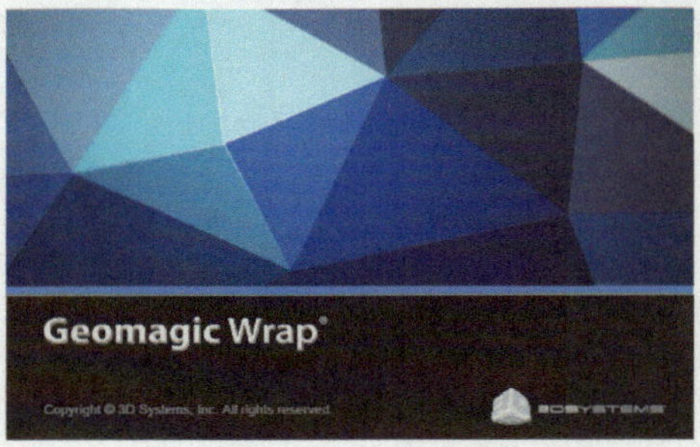
			4）将前面导出的 STL 格式数据文件导入到 Wrap 软件中	

88

（续）

序号	学习流程内容	工具	目标	备注
11	对扫描获取的患者数据的进行后处理	计算机	5）使用多边形菜单栏中的"填充孔"命令，对扫描数据进行修复	
			6）使用"网格医生"命令，对模型上的缺陷进行修复	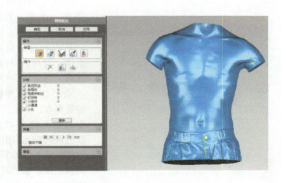
			7）使用"全部填充"命令将所有空洞位置进行填充	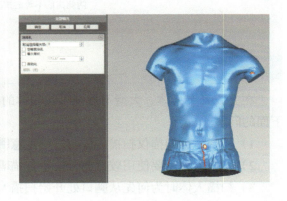
			8）单击"松弛"按钮，松弛多边形，并将模型上非重要区域去除，完成后单击"应用"按钮	

(续)

序号	学习流程内容	工具	目标	备注
11	对扫描获取的患者数据的进行后处理	计算机	9）通过"光顺"等其他平滑功能处理人体扫描数据，完成后导出用以后续逆向建模	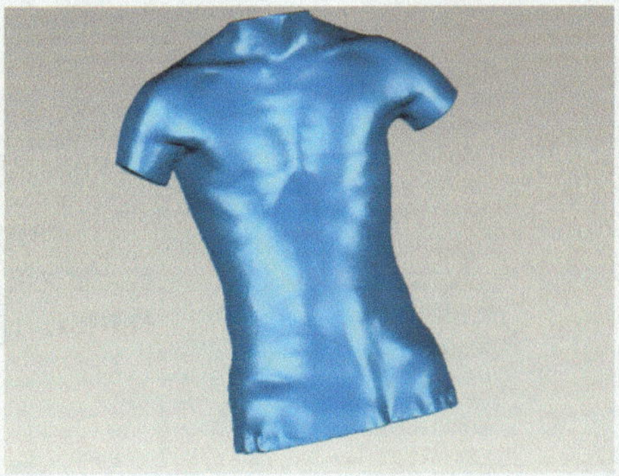
12	了解脊柱侧弯判断方式及要点	笔记本/笔	脊柱侧弯检测判断 站立背面检查：穿着紧身衣，赤足，自然放松、面靠墙站立。 重点检查：骨盆，脊柱垂线，背部，双侧肩胛骨，双肩，侧腰。 动态站立弯腰检查：穿着紧身衣，赤足，下弯到躯干与地面约呈45°时，可以检查判断上胸段和中胸段两侧高低不等的情况，下弯到躯干接近水平时，可以检查判断下胸段或胸腰交界段两侧高低不等的情况	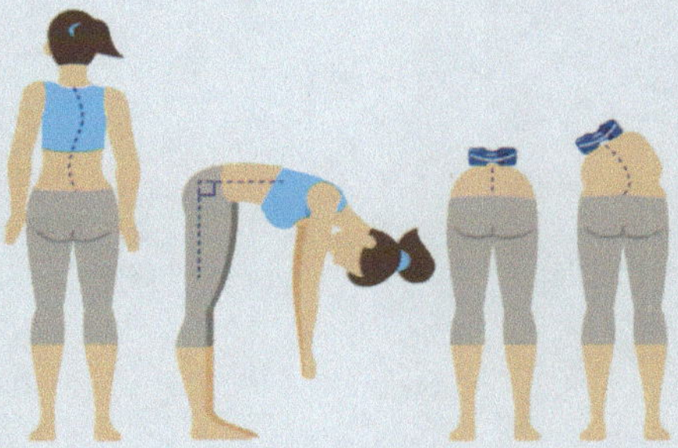

思考与练习

在完成真实人体、大型不规则形状物体的扫描路径规划、扫描获取患者身体特征数据后，回答下面的问题。

1）使用三维扫描仪扫描人体时需要注意哪些事项？
2）扫描人体需要使用较低的分辨率扫描吗？
3）扫描人体时为何先从胸口处开始扫描？

任务四 利用 Geomagic 软件处理扫描数据并逆向建模

面向岗位工作描述

本任务通过在 Geomagic 软件中设定拟合参数，生成拟合面片，贴在躯干模型数据的表面，最后通过模型缝合形成初级的支具模型。主要培养该岗位基于曲面与实体混合特征零件的正逆向混合建模的工作技能，能对数据进行简化三角网格、松弛、填充孔、去除特征处理，得到重构的三维模型，能用主流三维设计软件对扫描数据进行模型重构。

任务目标

通过对三维扫描获得的躯干模型数据进行逆向建模，获取初级支具模型数据。学习三维扫描数据的逆向建模、模型缝合方法。

1. 知识目标

1）理解使用 Geomagic 软件对扫描数据的处理方法。

2）理解利用 Geomagic 软件逆向建模的操作流程。

2. 技能目标

1）掌握使用逆向工程软件对扫描数据的操作流程。

2）掌握逆向建模的方法。

3）能够对模型进行修补。

3. 素养目标

1）培养学生严格遵守规范、精益求精的工匠精神。

2）提高学生正确认识问题、分析问题和解决问题的能力。

3）学生树立正确的劳动观念。

一、Geomagic 软件简介

Geomagic Design X 软件是为将三维扫描数据转换为基于特征的高质量三维 CAD 模型而打造的，如图 3-20 所示。它提供了半自动化的特征创建功能，利用向导函数可快速创建原始的二维草图平面、轴、三维特征、实体和曲面，拥有精确的曲面创建工具，包括边界拟合曲面功能，编辑面片以及处理点云数据在内的诸多功能，现在可以对几乎所有物体进行扫描并创建随时可供制造的设计模型。

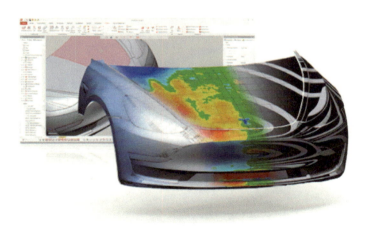

图 3-20　Geomagic 软件

二、Geomagic 软件对扫描数据的处理方法

Geomagic Design X 可直接链接到市面上主流的三维 CAD 软件上，包括 SolidWorks、NX、Solid Edge、Autodesk Inventor 和 PTC Creo，使用独特的 LiveTransfer 技术，可传输完整的模型，包

括特征树，这种高效、准确的数据传输能力是其他一些逆向工程软件所不具备的，因此可以从三维扫描数据中快速创建实体和曲面模型，如图 3-21 所示。

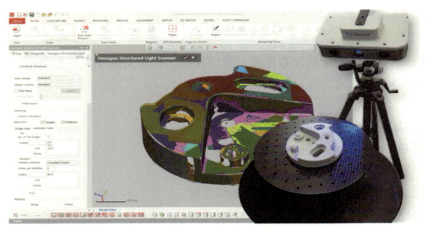

图 3-21　Geomagic 软件结合三维扫描技术

逆向建模的第一步是导入这些点云扫描数据，将这些扫描数据对齐，完成数据拼接，并设置工件坐标系，如图 3-22 所示。

图 3-22　Geomagic 软件点云数据对齐

将扫描数据对齐拼接完成后需要对扫描数据出现的错误进行修复，网格修复工具有填孔、平滑、优化、重新包装和抛光工具，例如智能刷，如图 3-23 所示。对网格缺陷部位使用修复工具可使整个网格数据与原始模型相对一致，便于接下来创建实体或曲面，将三维扫描数据转换为基于特征的高质量 CAD 模型。

图 3-23　Geomagic 软件网格修复工具

三、学习流程

请依照表 3-4 中的流程进行本任务的学习。

项目三 基于3D打印技术的脊柱侧弯支具产品开发案例

表 3-4 本任务的学习流程

序号	学习流程内容	工具	目标/操作步骤	备注
1	接受课前任务并自主学习"逆向工程"等微课视频学习资源，并借助教学视频来了解 Geomagic 软件的工作原理	手机/计算机	感性认识和了解利用 Geomagic 软件逆向建模的操作流程 逆向建模成形工艺特点	
2	尝试运用 Geomagic 软件对前任务扫描获得的患者躯干数据进行逆向建模	手机/计算机	将前任务扫描获得的患者躯干数据逆向建模	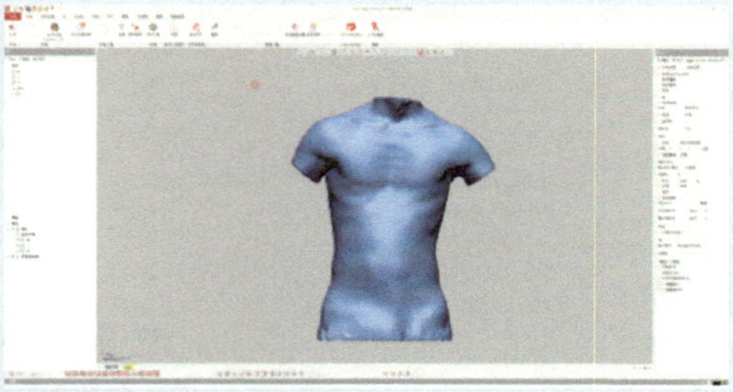
3	展示往届学生逆向建模的成形制件	手机/计算机	近距离接触往届学生的逆向建模优秀作品并讨论	
4	学习 Geomagic 软件操作流程	手机/计算机	1）单击"导入"按钮，选择处理好后的脊柱模型面片文件，单击"仅导入"按钮 2）等待模型导入 3）导入完成后需要对脊柱模型进行坐标对齐，首先单击状态栏的"参照平面"按钮，隐藏参照平面	

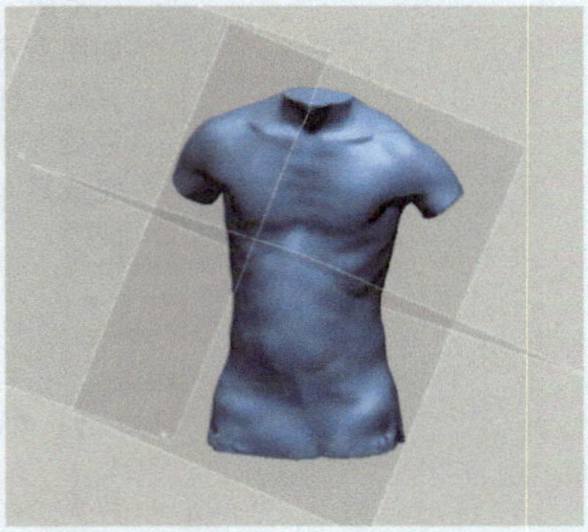

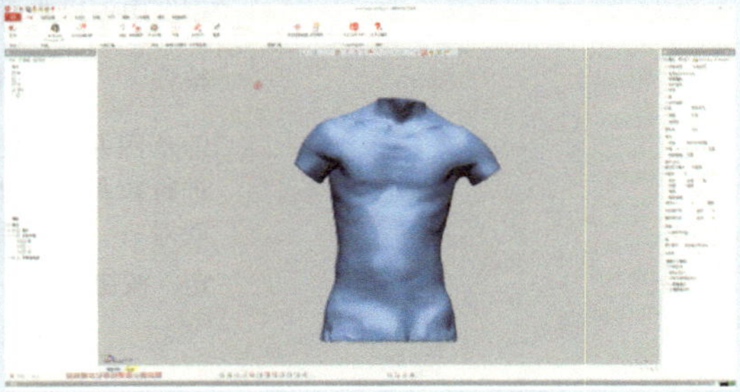

走进增材制造

(续)

序号	学习流程内容	工具	目标/操作步骤	备注
4	学习Geomagic软件操作流程	手机/计算机	4）选择初始菜单栏中的"平面"按钮，在弹出的追加平面窗口中选择"方法"中的"提取"，并在画笔选择模式下对脊柱模型底面进行涂抹	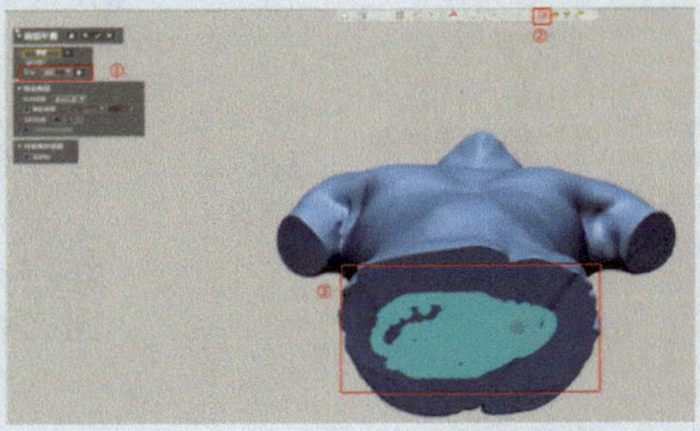
			5）涂抹完成后单击"确定"按钮，在脊柱模型底部生成平面	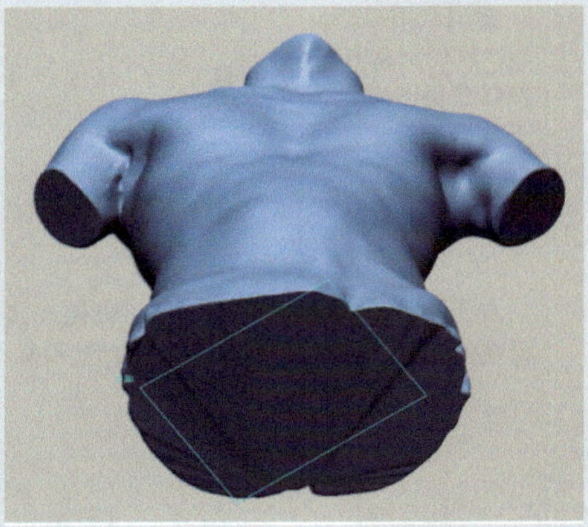
			6）单击菜单栏"草图"，选择"草图"按钮，再选择特征树下刚刚生成的平面，进入草图的绘制，如图所示绘制两条正交的直线，注意绘制的直线尽量处于脊柱模型的中心，完成后单击"确定"按钮	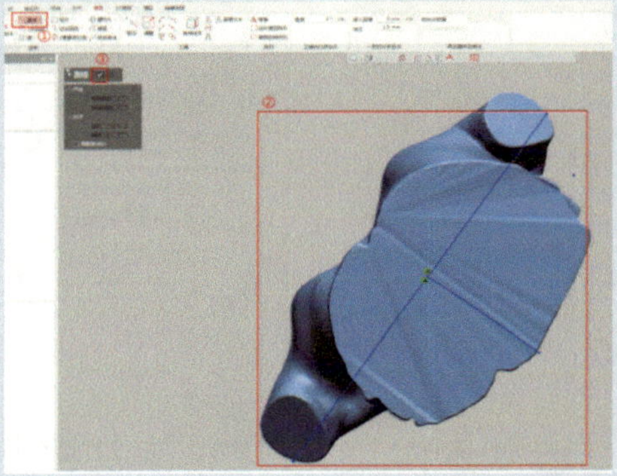
			7）单击退出"草图"按钮，选择菜单栏"模型"中创建曲面的"拉伸"按钮，选择刚才绘制的草图并延脊柱模型方向进行拉伸，用于模型的手动对齐，完成后单击"确定"按钮	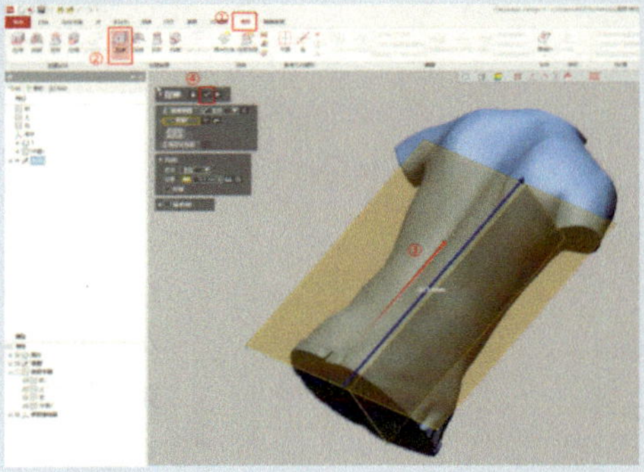

94

项目三 基于3D打印技术的脊柱侧弯支具产品开发案例

(续)

序号	学习流程内容	工具	目标/操作步骤	备注
4	学习Geomagic软件操作流程	手机/计算机	8) 单击菜单栏"对齐",选择"手动对齐"按钮 ![icon], 在弹出的手动对齐窗口"移动实体"选项中选择脊柱模型,再单击"下一阶段"按钮 ![icon]	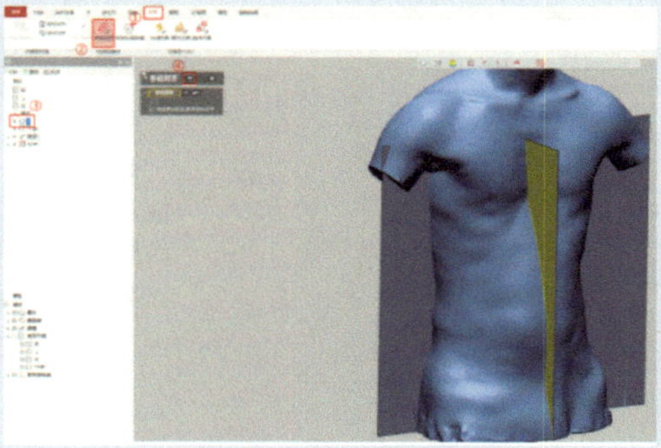
			9) 单击状态栏的"参照平面"按钮 ![icon],移动方式选择3-2-1,选择特征树的平面,拉伸出的平面以及两者的交点	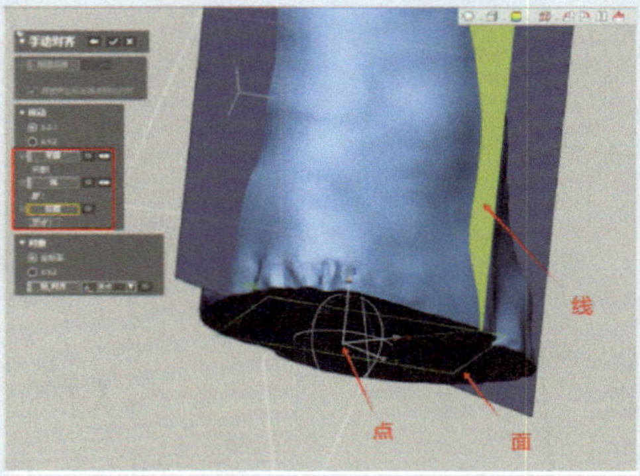
			10) 模型对齐后,选中特征树中对齐用的特征,然后按〈Delete〉键删除	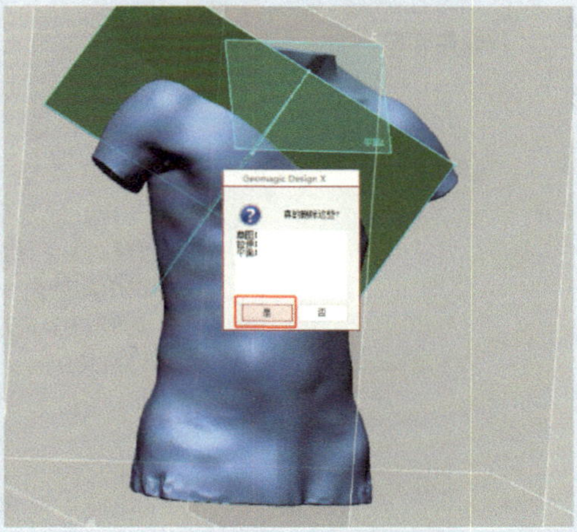
			11) 单击菜单栏中的"3D草图",单击"3D面片草图"按钮 ![icon],进入后单击"断面"按钮 ![icon],在弹出的断面窗口中单击"选择平面",然后选择上基准平面,完成后单击"确定"按钮 ![icon]	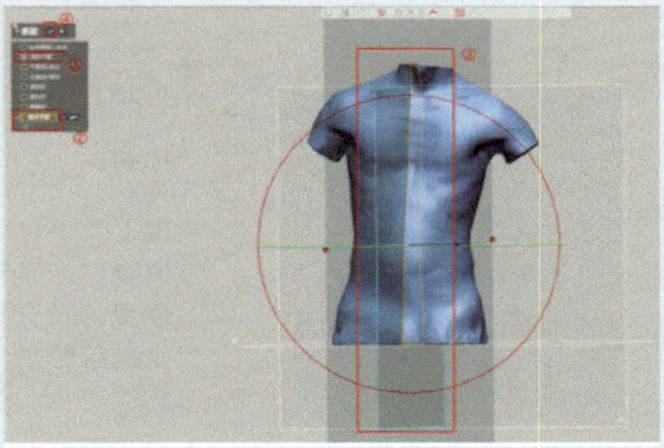

95

(续)

序号	学习流程内容	工具	目标/操作步骤	备注
4	学习Geomagic软件操作流程	手机/计算机	12）进入"断面"设置窗口，选择"绘制画面上的线"，在脊柱模型上绘制支具最大区域，完成后单击"确定"按钮 ✓	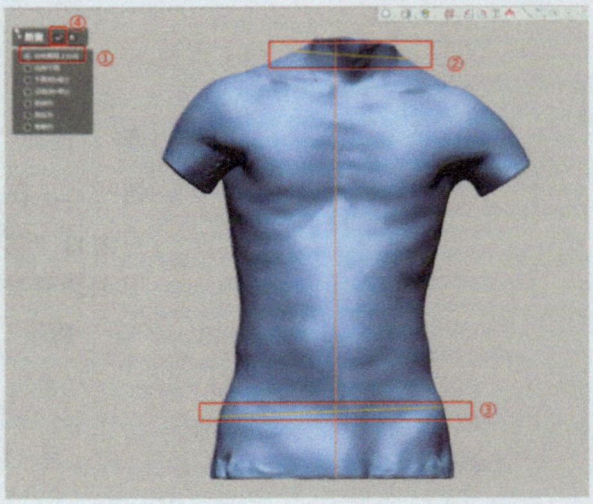
			13）重新进入"断面功能"，在"选择平面"中选择前基准平面，将平面往上拉，在脊柱模型腹部位置松开，完成后单击"确定"按钮 ✓	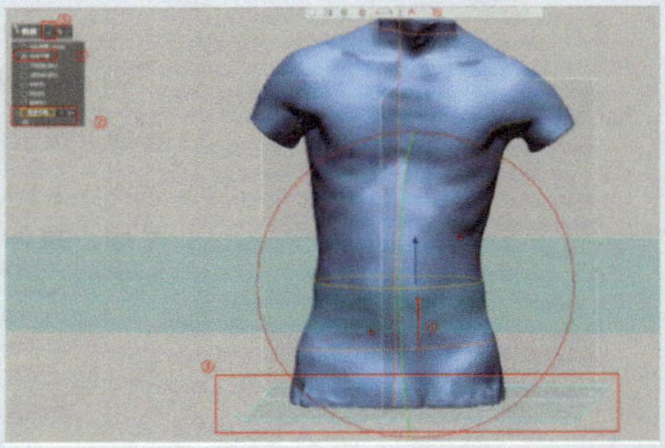
			14）同上所示，分别在脊柱模型胸部、胸部与腹部中间处做3D草图，如果选错或多选后可通过框选后按〈Delete〉键删除	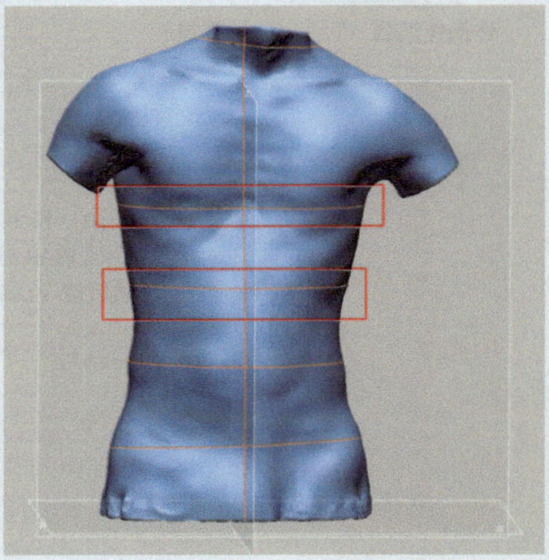
			15）单击"样条曲线"按钮 ，在脊柱模型腋下及手臂部分绘制样条曲线，该部分为关节活动位置，设计时需要避开，完成后单击"确定"按钮 ✓	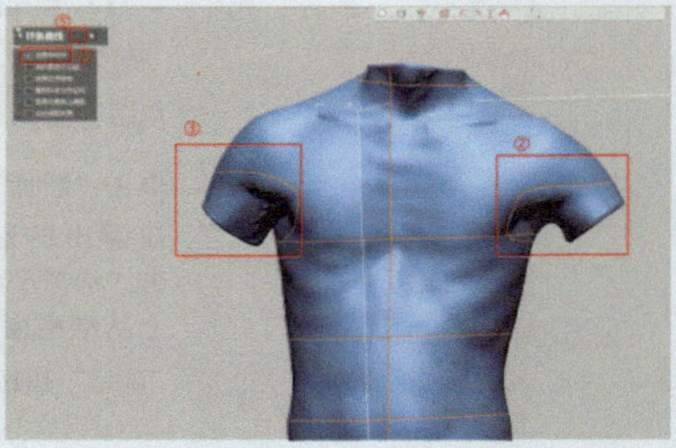

项目三 基于3D打印技术的脊柱侧弯支具产品开发案例

（续）

序号	学习流程内容	工具	目标/操作步骤	备注
4	学习 Geomagic 软件操作流程	手机/计算机	16）使用"样条曲线"绘制脊柱模型侧面线。先单击"法向"按钮，选择上视图将模型视角归正，然后开始绘制，注意绘制时侧面线尽量保持在脊柱模型中间	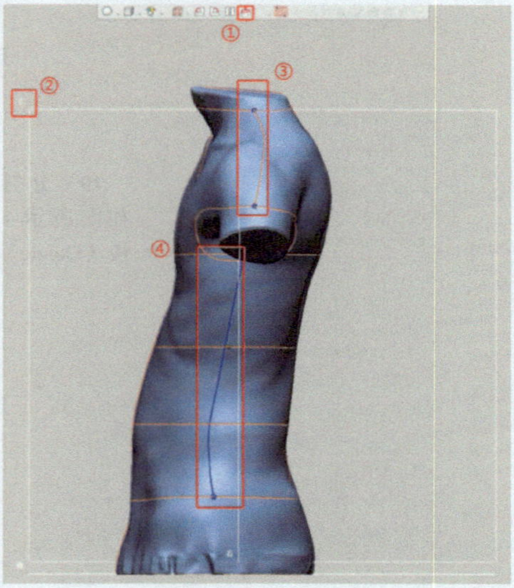
			17）同上所示，另一侧也需要绘制侧面线	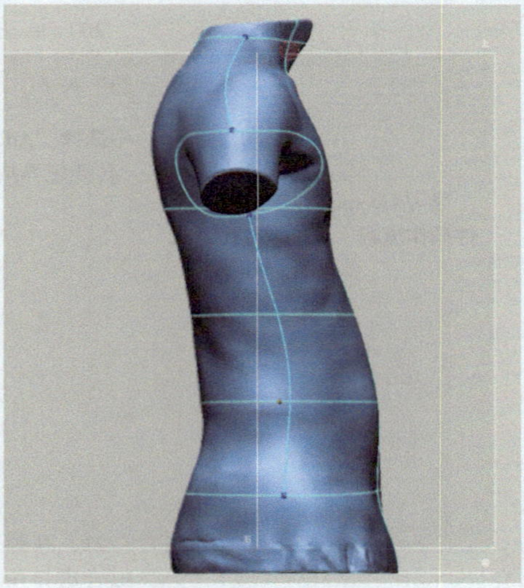
			18）单击"分割"按钮 分割，在弹出的分割窗口中选择"与线的橡相交点"，然后全选所有曲线，完成后单击"确定"按钮	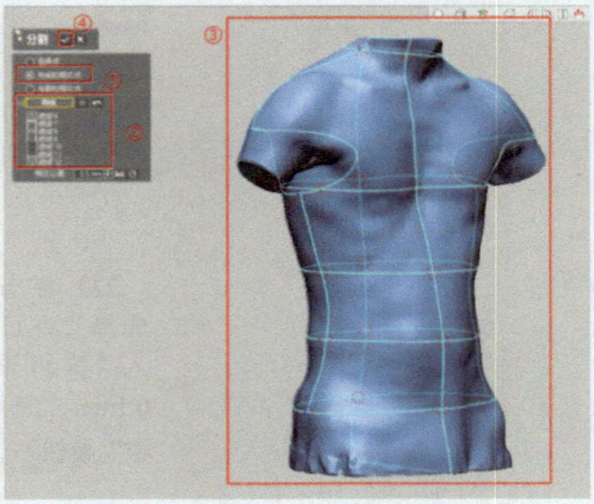

97

（续）

序号	学习流程内容	工具	目标/操作步骤	备注
4	学习Geomagic软件操作流程	手机/计算机	19）分割完成后，框选如图所示4处交叉曲线，按〈Delete〉键删除	
			20）单击退出"3D草图"按钮，在菜单栏中选择"Add-Ins"，再选择"传统境界拟合"命令	
			21）在弹出的传统境界拟合窗口中选择"面片曲线"，依次选择4条曲线，再单击"下一阶段"按钮	
			22）在分辨率选项中选择"许可偏差"，并输入"许可偏差"数值为0.1mm，完成后单击"确定"按钮	

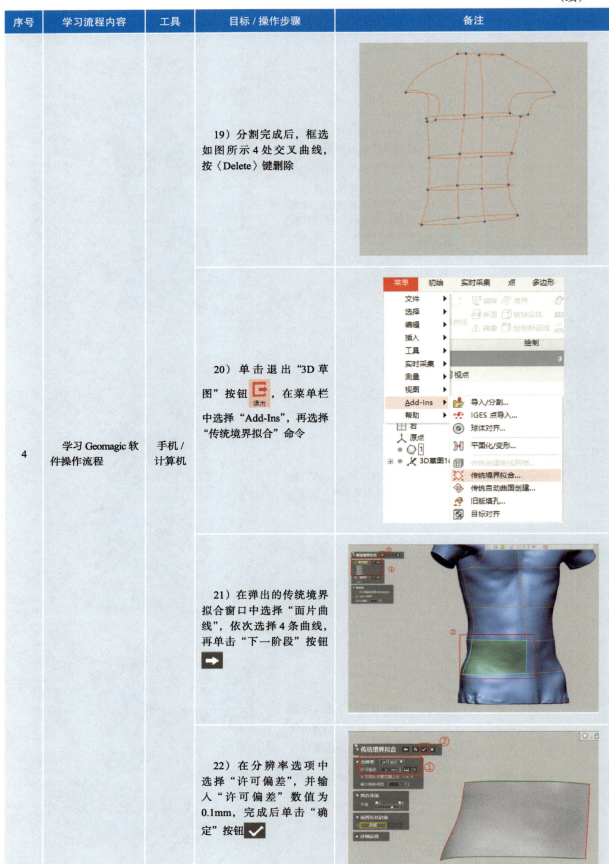

（续）

序号	学习流程内容	工具	目标/操作步骤	备注
4	学习 Geomagic 软件操作流程	手机/计算机	23）在拟合完面片后，草图线可能会消失，右键单击"3D草图"，选择"显示"，即可将草图显现出来	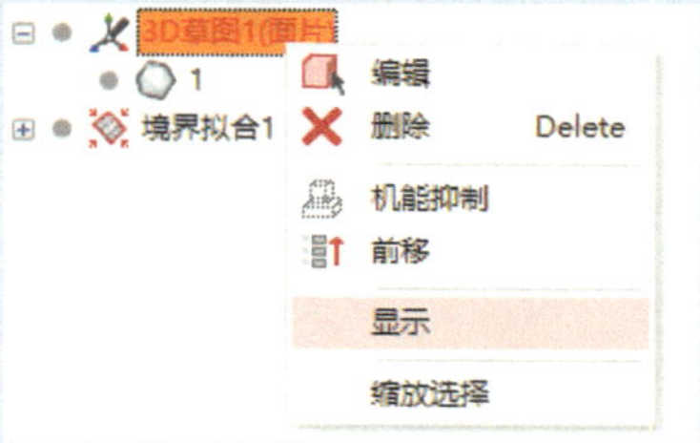
			24）通过"传统境界拟合"，命令完成剩余脊柱模型剩余曲面的拟合	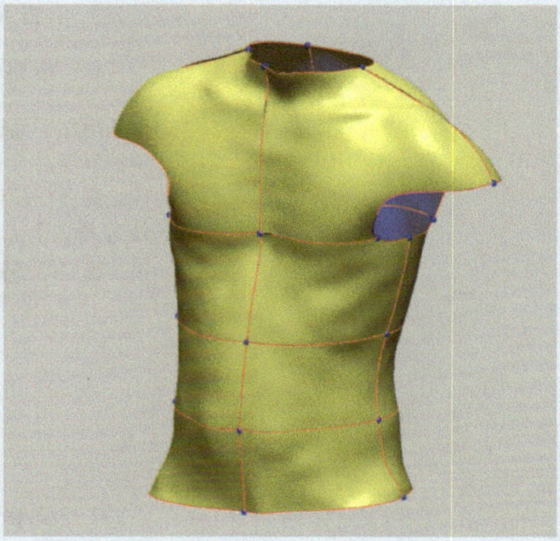
			25）传统境界拟合的曲面在相接处不连续，可能导致缝合失败，所以需要在相接处截开一部分。单击初始菜单栏中的"平面"按钮，在追加平面窗口处选择上基准平面，并分别向两边偏移15mm，完成后单击"确定"按钮	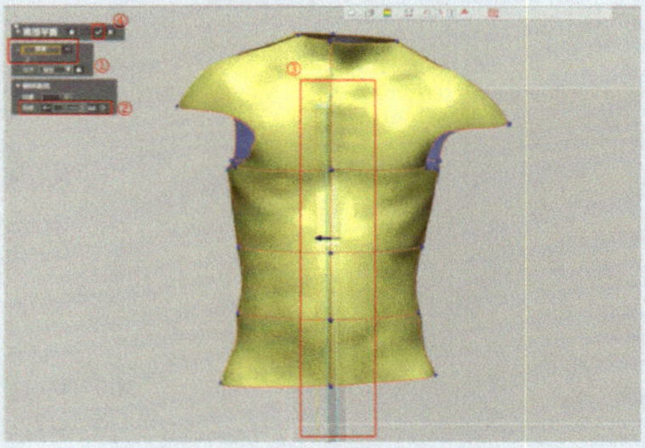
			26）选择模型菜单栏中的"剪切曲面"按钮，"工具"项选择刚才新建的两个平面，"对象"项选择拟合的面片，再单击"下一阶段"按钮	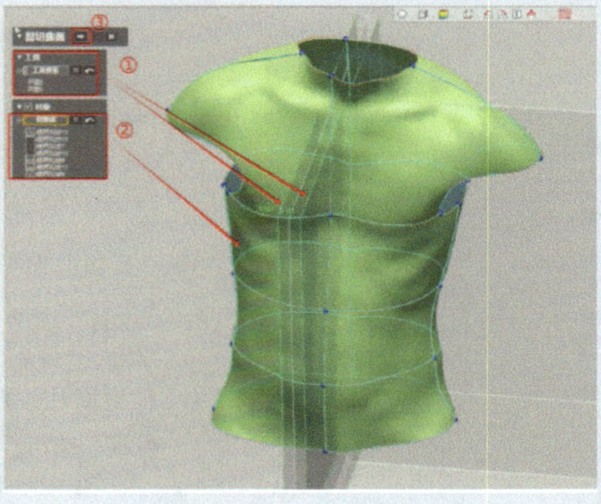

走进增材制造

(续)

序号	学习流程内容	工具	目标/操作步骤	备注
4	学习Geomagic软件操作流程	手机/计算机	27）在"结果"项中选择如图所示的两偏移平面以外的面片，完成后单击"确定"按钮 ✓	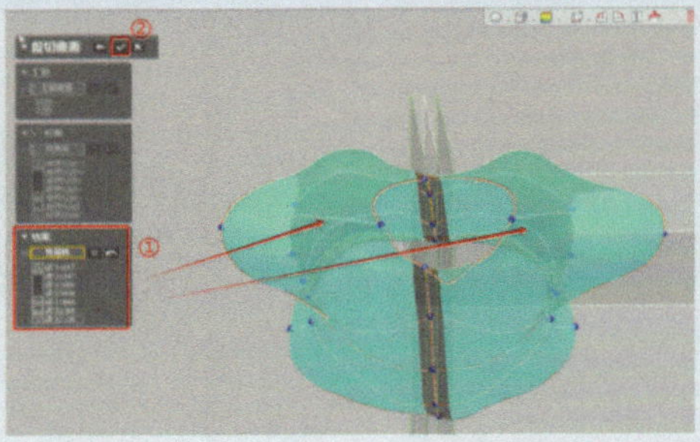
			28）单击菜单栏中的"平面"按钮，在弹出的追加平面窗口"输入"项选择"三个位置"，然后在绘制脊柱模型的"断面"处选择3个点，完成后单击"确定"按钮 ✓	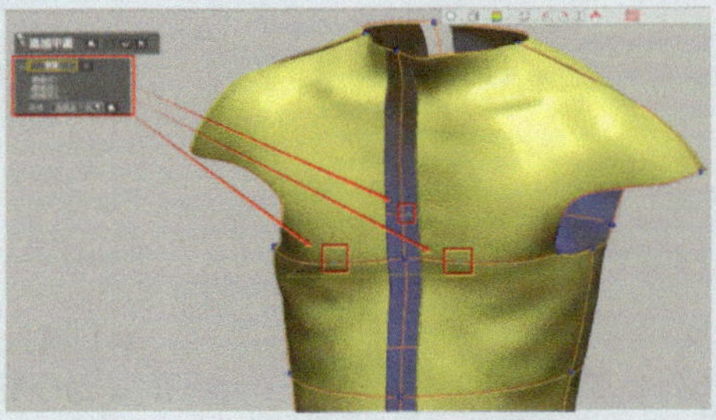
			29）为其余2处位置一同建立平面	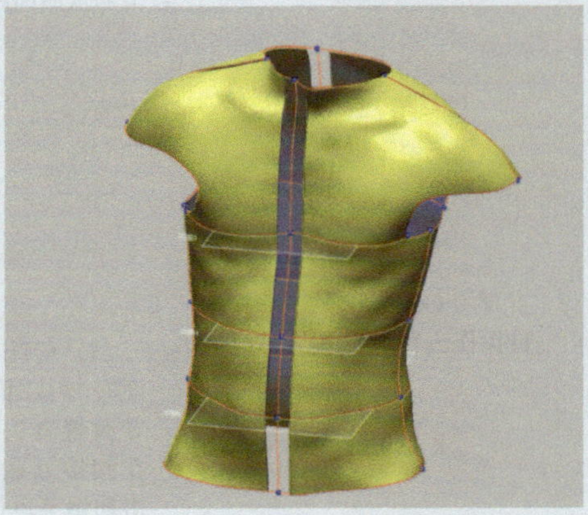
			30）将这3个平面进行上下偏移，偏移距离为15mm	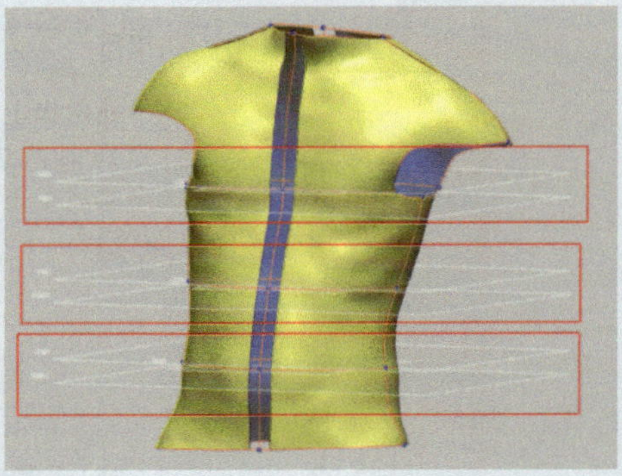
			31）单击菜单栏中的"剪切曲面"按钮，"工具"项选择6个偏移的平面，"对象"项选择脊柱模型面片，再单击"下一阶段"按钮 →	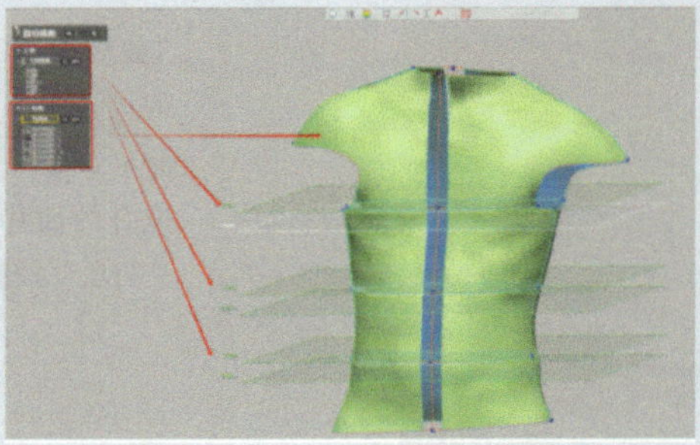

100

项目三　基于3D打印技术的脊柱侧弯支具产品开发案例

（续）

序号	学习流程内容	工具	目标/操作步骤	备注
4	学习 Geomagic 软件操作流程	手机/计算机	32）在"结果"项中选择如图所示的偏移平面以外的面片，完成后单击"确定"按钮 ✓	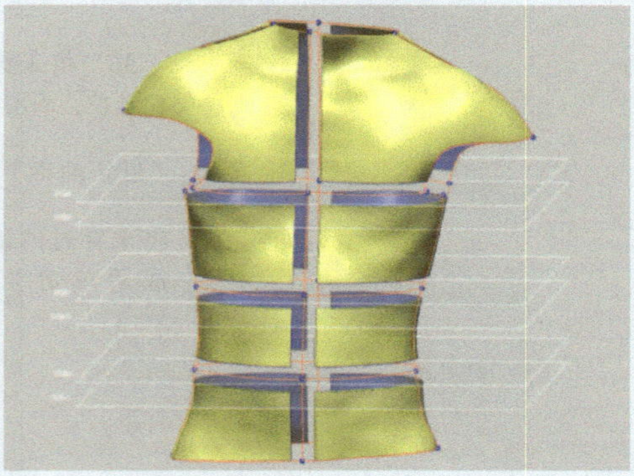
			33）单击草图菜单栏中的"草图"按钮，选择上基准平面作为草图面	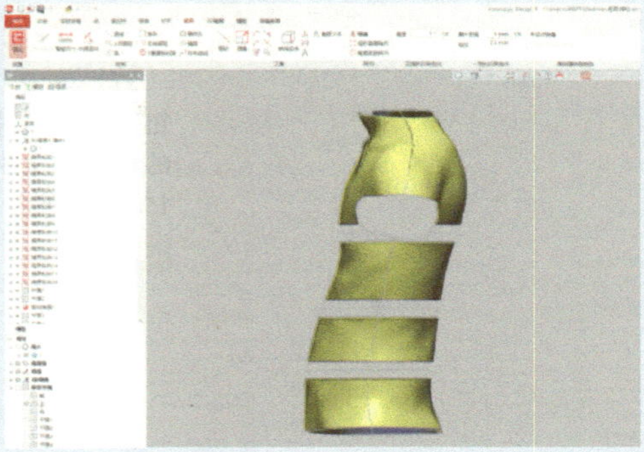
			34）单击菜单栏的"转换实体"按钮，将如图所示的3D草图曲线投射到平面上，完成后单击"确定"按钮 ✓	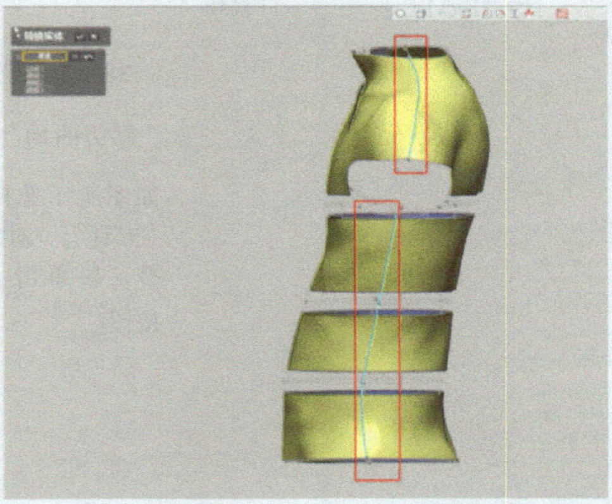
			35）退出草图，单击模型菜单栏中创建曲面的"拉伸"按钮，两侧拉伸投影的曲线，完成后单击"确定"按钮 ✓	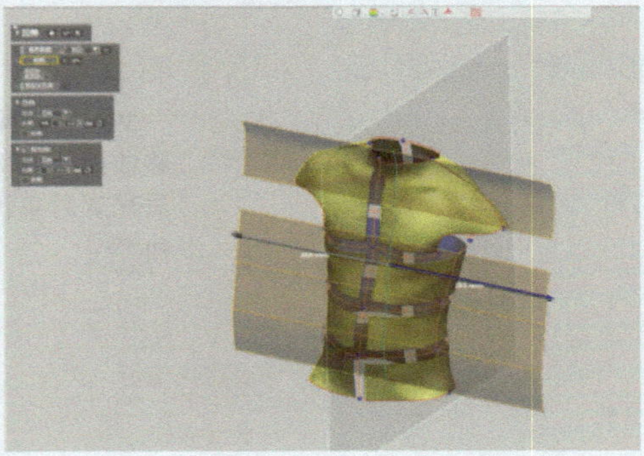

101

（续）

序号	学习流程内容	工具	目标 / 操作步骤	备注
4	学习 Geomagic 软件操作流程	手机 / 计算机	36）将未穿过面片的曲面延长，单击模型菜单栏中“延长曲面”按钮 延长曲面，将未穿过的部分延长，完成后单击“确定”按钮	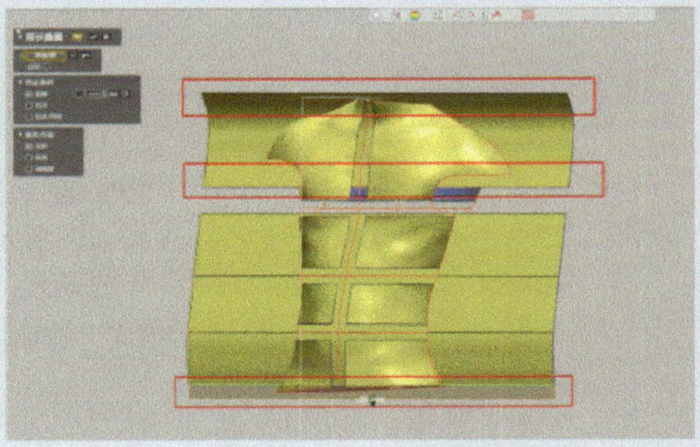
			37）单击“转换体”按钮，选择面片，选择出现的移动轴分别往前后移动 15mm 并单击“确定”按钮	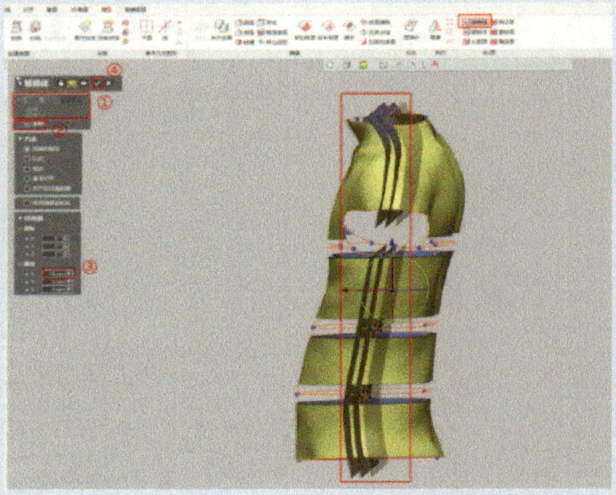
			38）单击模型菜单栏中的“剪切曲面”按钮 剪切曲面，如图所示选择偏移平面为“工具”，“对象”为脊柱模型，再单击“下一阶段”按钮	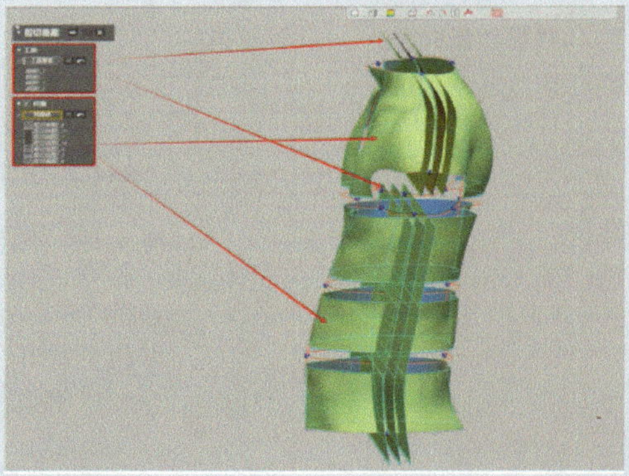
			39）在结果处选择两偏移曲面外的面保留，完成后完成后单击“确定”按钮	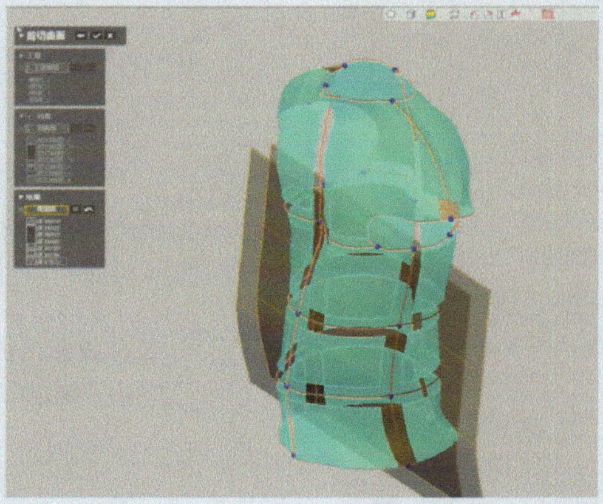

（续）

序号	学习流程内容	工具	目标/操作步骤	备注
4	学习 Geomagic 软件操作流程	手机/计算机	40）在模型树中将不需要的曲面隐藏，单击 ⊚ 按钮完成隐藏	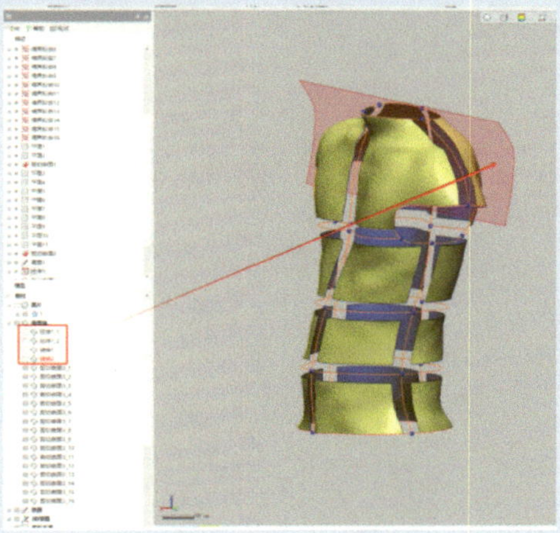
			41）在模型菜单栏单击"放样"按钮 ，选择前面剪切的两条曲线边，并在"约束条件"中将"起始约束"与"终止约束"都设置为"与面相切"，完成后完成后单击"确定"按钮 ✓	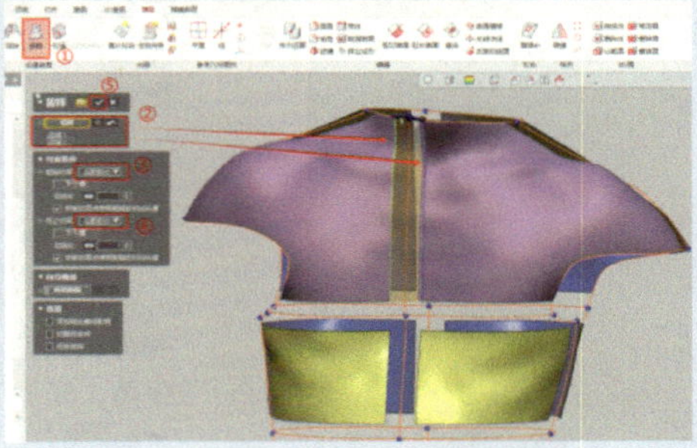
			42）将其余位置同上所示进行放样	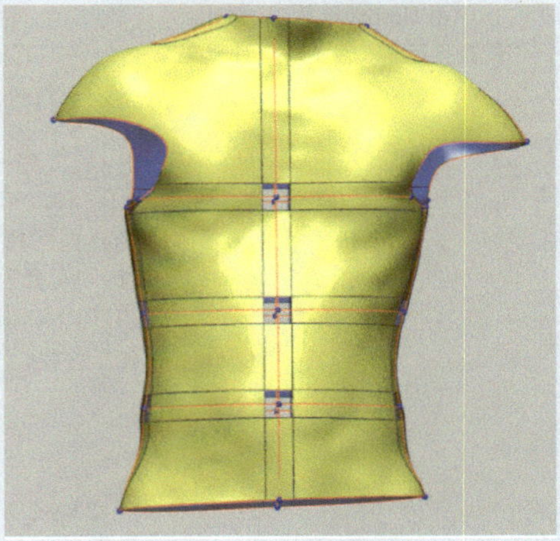
			43）在草图菜单栏单击"草图"按钮 ，并以右基准平面为草图面，选择"样条曲线"并绘制如图曲线，将边缘部分框选在内，完成后退出草图	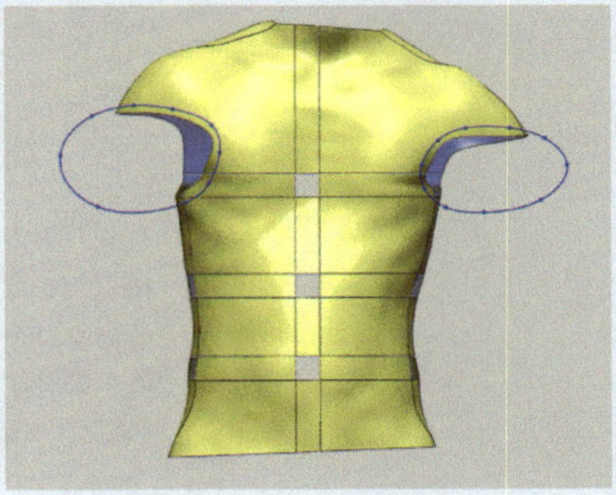

走进增材制造

(续)

序号	学习流程内容	工具	目标/操作步骤	备注
4	学习 Geomagic 软件操作流程	手机/计算机	44）在模型菜单栏单击创建曲面的"拉伸"按钮，将绘制的样条曲线进行拉伸，使拉伸距离穿过脊柱模型面片，完成后单击"确定"按钮 ✓	
			45）单击"剪切曲面"按钮，在"工具"项选择拉伸的曲面，"对象"项选择脊柱模型面片，然后单击"下一阶段"按钮 →	
			46）在"结果"项选择拉伸面片以外的面片进行保留，完成后单击"确定"按钮 ✓	
			47）再单击"剪切曲面"按钮，"工具"项选择如图所示脊柱模型面片，"对象"项选择拉伸的面片，然后单击"下一阶段"按钮 →	
			48）在"结果"项选择如图所示面片保留，完成后单击"确定"按钮 ✓	
			49）单击"删除面"按钮 删除面，在弹出的删除面窗口中选择如图所示的4块面片，完成后单击"确定"按钮 ✓	

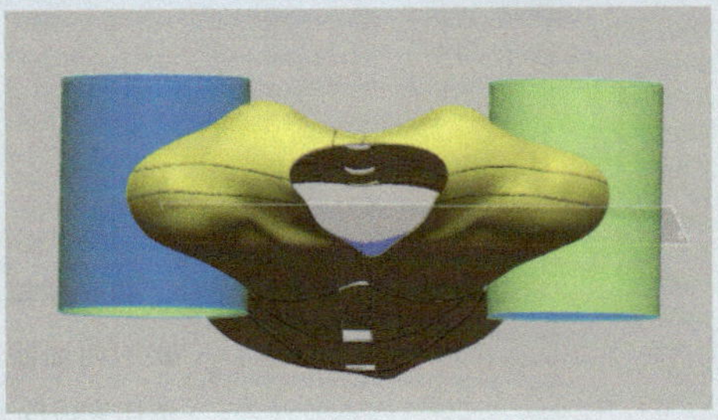

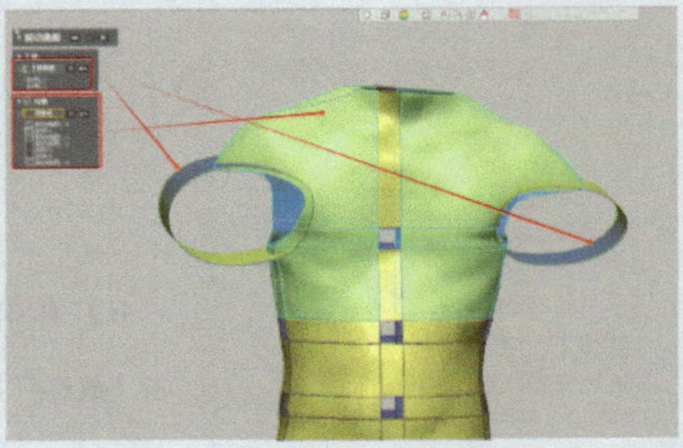

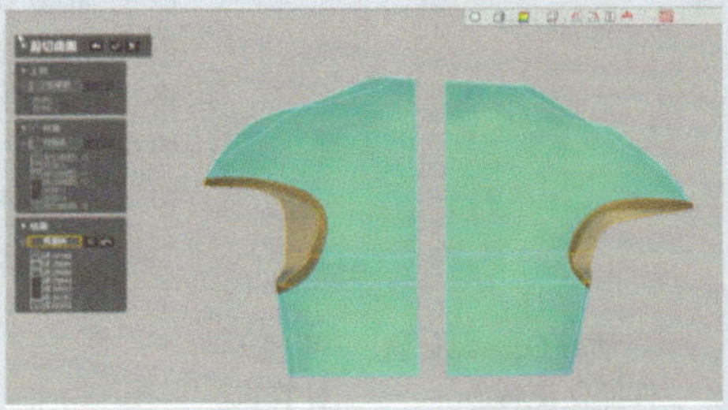

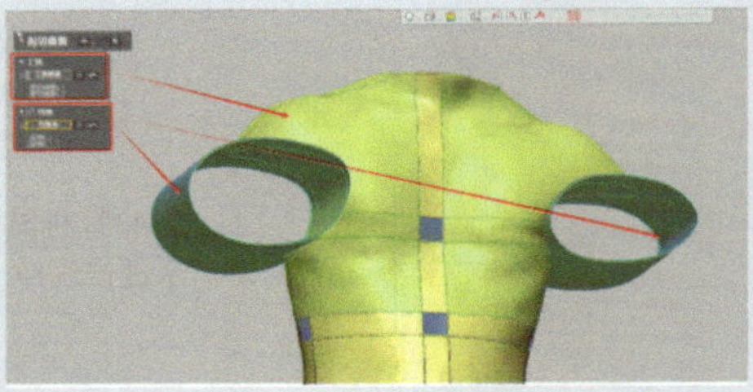

104

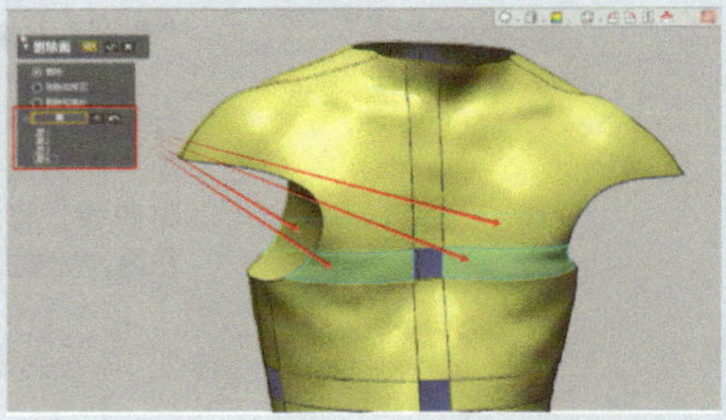

项目三　基于3D打印技术的脊柱侧弯支具产品开发案例

（续）

序号	学习流程内容	工具	目标/操作步骤	备注
4	学习 Geomagic 软件操作流程	手机/计算机	50）在模型菜单栏单击"放样"按钮，选择如图所示的 2 条曲线，并在"约束条件"中将"起始约束"与"终止约束"都设置为"与面相切"，完成后完成后单击"确定"按钮	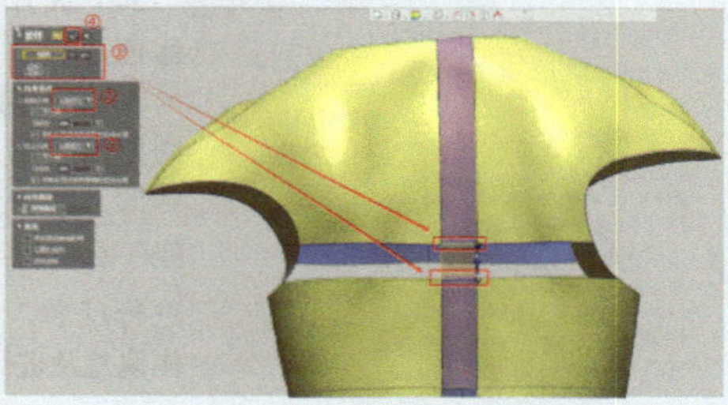
			51）同上，在另一方向上完成面片放样	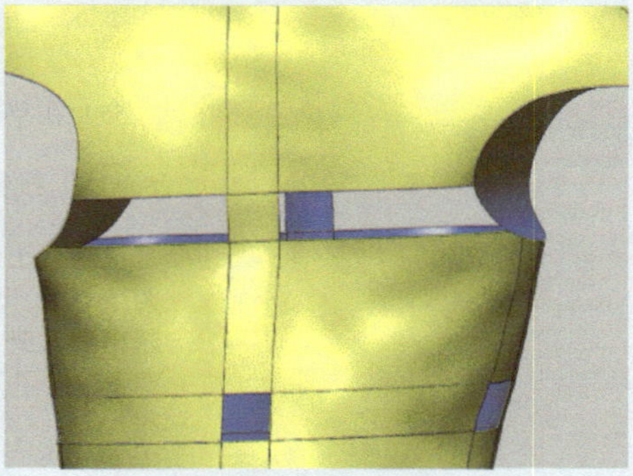
			52）单击"面填补"按钮，"边线"项选择如图所示的封闭轮廓，然后勾选上"设置连续性约束条件"，"曲率"项选择如图所示的①②③三条边，完成后完成后单击"确定"按钮	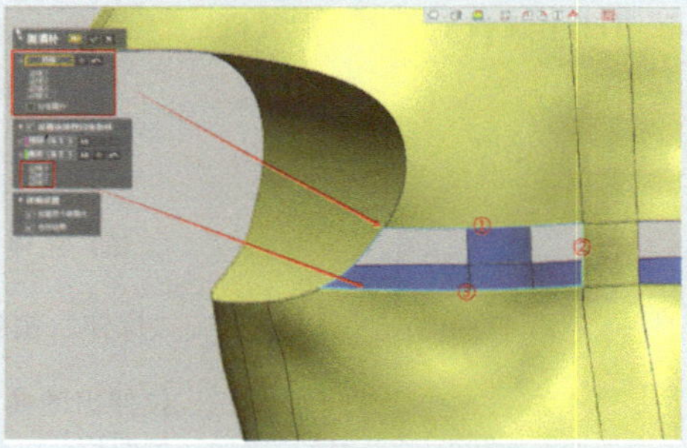
			53）对其他孔洞完成面填补，如果出现无法面填补的情况，可先对其余位置进行填补后再对该位置进行填补，或使用"创建曲面"中"放样"命令完成填补	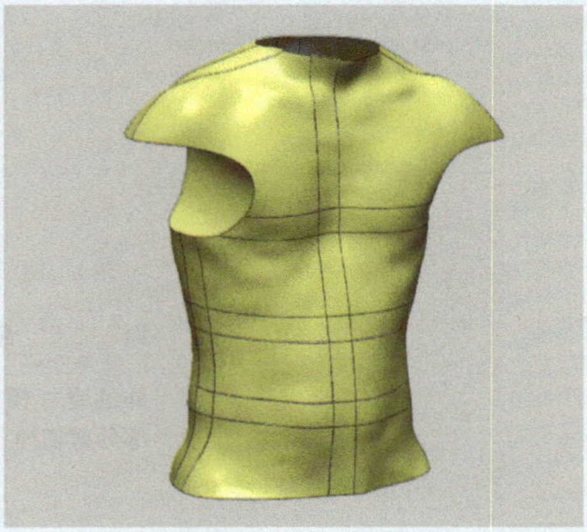

105

（续）

序号	学习流程内容	工具	目标/操作步骤	备注
4	学习Geomagic软件操作流程	手机/计算机	54）面片背面颜色呈深蓝色，如果在模型表面上出现有不同颜色的面片，则该面片的法线方向为错误的，需要使用"反转法线"命令 反转法线 对其进行反转，方便后续验证体偏差及进行面片缝合	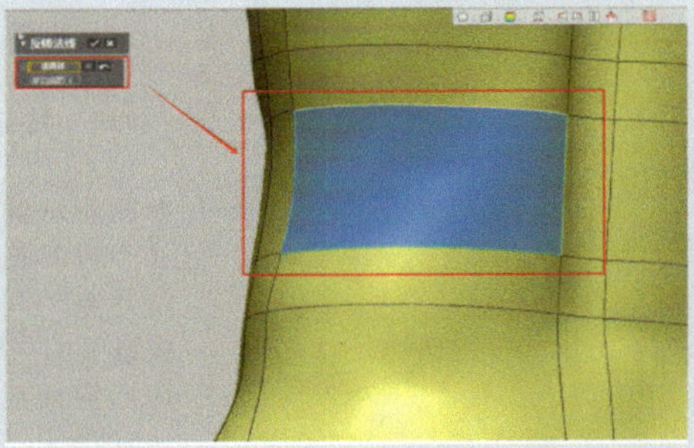
			55）在草图菜单栏单击"草图"按钮 草图 ，在右基准平面上绘制如图所示两条直线，注意直线不要超出面片外，完成后退出草图	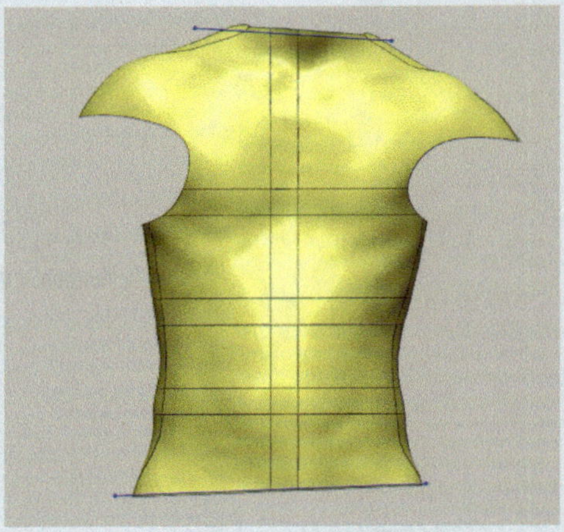
			56）在模型菜单栏单击"拉伸"按钮 拉伸 ，使得拉伸出的曲面穿过脊柱模型面片	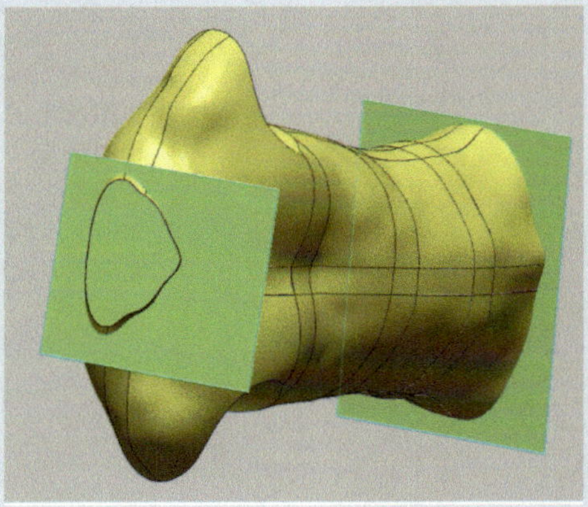
			57）使用"剪切曲面" 剪切曲面 命令将拉伸面以外的脊柱模型面片的多余部分剪切掉	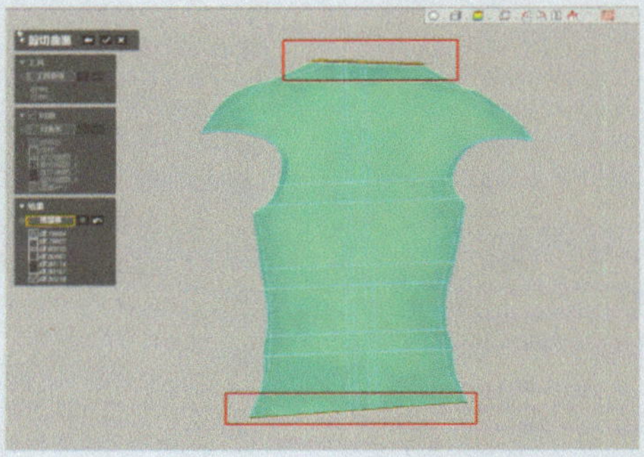

（续）

序号	学习流程内容	工具	目标/操作步骤	备注
4	学习Geomagic软件操作流程	手机/计算机	58）再使用"剪切曲面"命令切除拉伸面，保留中间与脊柱模型面片连接的部分	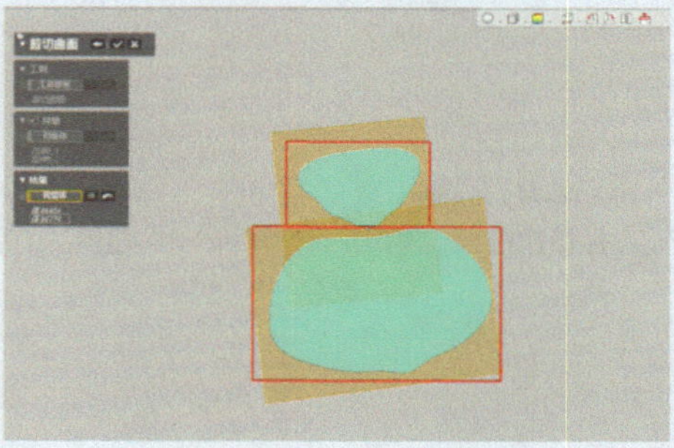
			59）得到完整脊柱模型的面片文件	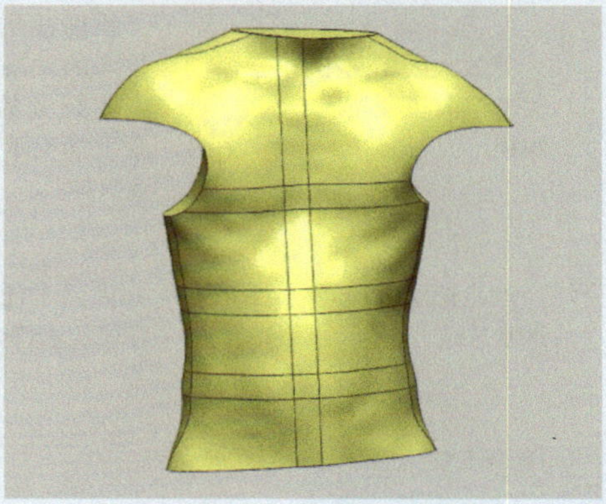
			60）使用"缝合"命令并选择所有的面片，如果缝合失败，则可能是面片之间有缝隙，需要重新制作曲面来解决问题。单击"下一阶段"按钮	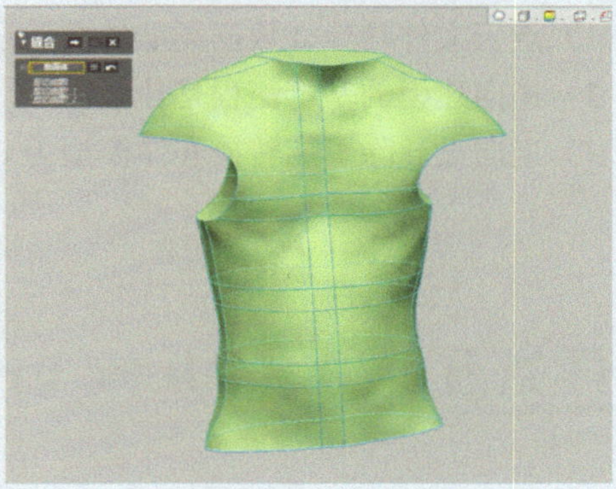
			61）单击"确定"按钮，将所有曲面缝合获得整个模型	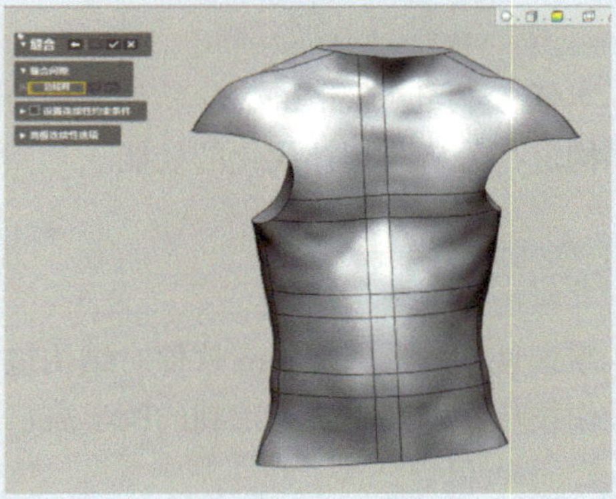

(续)

序号	学习流程内容	工具	目标/操作步骤	备注
4	学习 Geomagic 软件操作流程	手机/计算机	62）完成脊柱模型的逆向建模	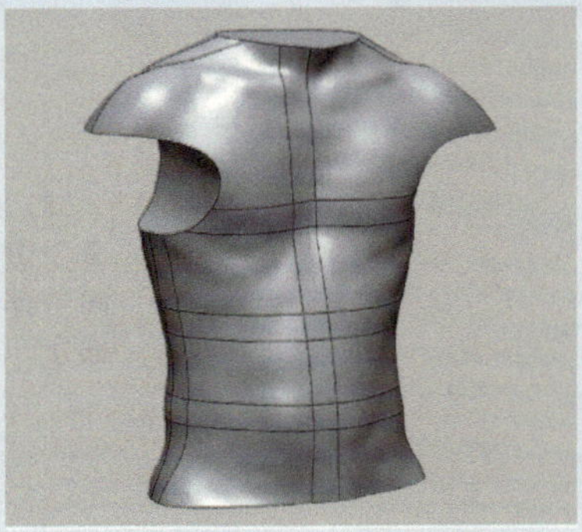
5	播放大国工匠相关的逆向工程技术视频	手机/计算机	借助视频学习逆向工程技术的发展前景，获得从事本行业的职业自豪感，激发学生从事本行业的职业兴趣	
6	学生记录教师的课堂总结	手机/计算机	巩固本任务重点：逆向建模技术特点及参数设置	

思考与练习

学习使用 Geomagic 软件处理扫描数据，获取初级支具模型数据。试回答下面的问题。

1）点云文件是什么数据类型的文件？
2）逆向建模的基本流程是什么？
3）逆向设计除了能转换实体模型为 CAD 模型外，还有哪些用处？

任务五 利用 Altair Inspire 软件对支具模型拓扑优化设计

面向岗位工作描述

本任务学习 Altair Inspire 软件的拓扑优化流程与操作步骤，主要培养根据产品的使用场景对产品结构进行分析与拓扑优化的技能。

任务目标

掌握使用 Altair Inspire 软件对结构进行拓扑优化的流程和操作步骤，对支具模型进行拓扑优化的操作技巧，以及需要考虑到的医学需求。

1. 知识目标

1）理解 Altair Inspire 软件的功能。

2）理解拓扑优化的优点。

3）理解使用 Altair Inspire 软件进行拓扑优化的操作流程。

2. 技能目标

1）能够使用 Altair Inspire 软件对支具模型加载恰当的载荷工况。

2）能够使用 Altair Inspire 软件对支具模型进行结构优化。

3. 素养目标

1）通过克服区域划分难点，培养学生精益求精的工匠精神。

2）结合医学知识，培养学生专创融合、全面发展的理想和信念。

一、Altair Inspire 软件的介绍

澳汰尔公司的拓扑优化软件 Altair Inspire 是一款优秀的三维设计软件，主要面向设计工程师。它广泛应用于多种行业，如汽车、航空航天、重型机械、消费品等，适用于产品的结构件、铸造件、产品托架等工程结构设计。Altair Inspire 软件拥有颠覆性的设计理念，在一个友好易用的软件环境中提供"仿真驱动设计"的创新工具。它应用于设计流程的前期，为设计工程师量身定制，帮助他们生成和探索高效的结构基础。Altair Inspire 软件采用 OptiStruct 优化求解器，能够根据给定的设计空间、材料属性以及受力需求生成理想的形状。根据软件生成的结果再进行结构设计，既能缩短整个设计流程的时间，还能节省材料及减重。Altair Inspire 软件设计流程如图 3-24 所示。

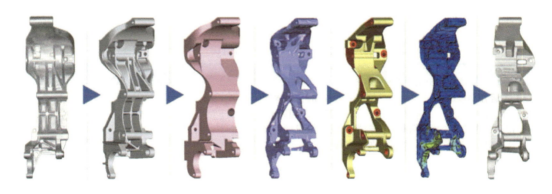

图 3-24　Altair Inspire 软件设计流程

二、拓扑优化的优点

拓扑优化是一种在特定区域内根据负载情况、约束条件和性能指标优化材料分布的数学方法，属于结构优化的一种。

相较于尺寸优化和形状优化，拓扑优化拥有更大的设计自由度和空间。在尺寸优化和形状优化中，设计变更受到初始结构外形的严格限制，而拓扑优化则允许在设计空间内进行更广泛的材料分布调整，这意味着设计工程师可以在不预先设定具体结构形式的情况下，探索更广泛的潜在设计方案。

面对不同的需求，拓扑优化的实现方法具有多样性。均匀化方法、变密度法、渐进结构优化法以及水平集方法等，都是实施拓扑优化的不同路径。每种实现方法都有其独特的优化策略和特点，适用于不同类型的设计问题和材料体系。

走进增材制造

由于拓扑优化依赖于有限元分析,因此无论是连续体还是离散结构的拓扑优化,都需要通过有限元分析来模拟和计算结构的响应,这使得拓扑优化能够处理复杂的载荷情况和边界条件。

通过拓扑优化设计能最大程度地减少结构的重量,提高结构的性能和效率,从而提高产品的性能和可靠性,满足用户的需求和要求。这样,它不仅降低了产品的制造成本和运输成本,同时也降低了产品的能耗和环境影响,实现了成本的节约和效益的提升,符合可持续发展的理念,能帮助企业实现环保节能的目标(图 3-25)。

图 3-25 拓扑优化的效果

三、学习流程

请依照表 3-5 中流程进行本任务的学习。

表 3-5 本任务的学习流程

序号	学习流程内容	工具	目标/操作步骤	备注
1	尝试运用 Altair Inspire 软件处理前任务得到的患者初级支具模型	手机/计算机	运用 Altair Inspire 软件完成患者的初级支具模型的轻量化设计激发学习该软件的兴趣	
2	学习"轻量化技术的应用与发展""Altair 轻量化软件的使用与特点"等微课视频学习资源	手机/计算机	了解轻量化技术的应用及特点 轻量化技术的应用与发展 Altair 轻量化软件的使用与特点	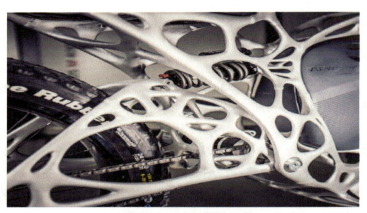 轻量化技术的应用与发展 Altair 轻量化软件的使用与特点

项目三　基于3D打印技术的脊柱侧弯支具产品开发案例

(续)

序号	学习流程内容	工具	目标/操作步骤	备注
3	利用教师展示往届学生利用 Altair Inspire 软件制作的成形制件	手机/计算机	近距离接触往届学生的利用 Altair Inspire 软件制作的优秀作品并讨论	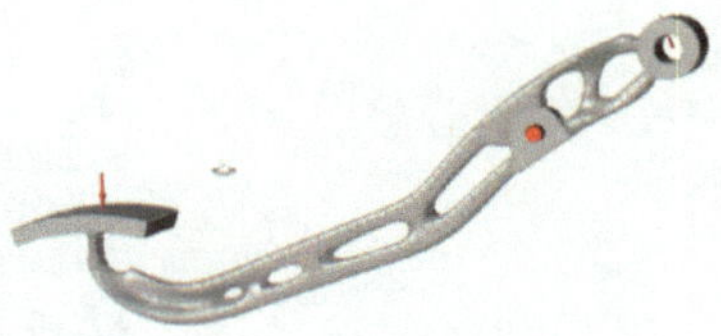
4	使用人体结构虚拟仿真系统中"骨小梁"结构阐释大自然中的结构优化大师，借此引出拓扑优化中的轻量化设计概念	手机/计算机	使用人体结构虚拟仿真系统观察骨小梁的结构	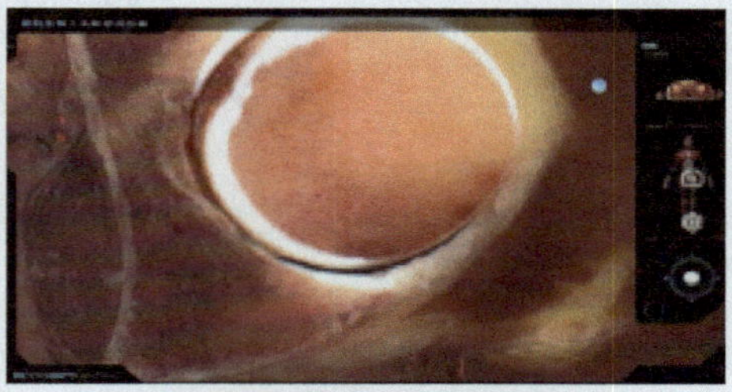 人体结构虚拟仿真骨小梁剖面
5	借助教学视频学习 Altair Inspire 软件成形工艺特点	手机/计算机	掌握 Altair Inspire 软件成形工艺特点	
6	发布关于 Altair Inspire 软件工艺特点的测试试验	手机/计算机	完成关于 Altair Inspire 软件工艺特点的测试试验	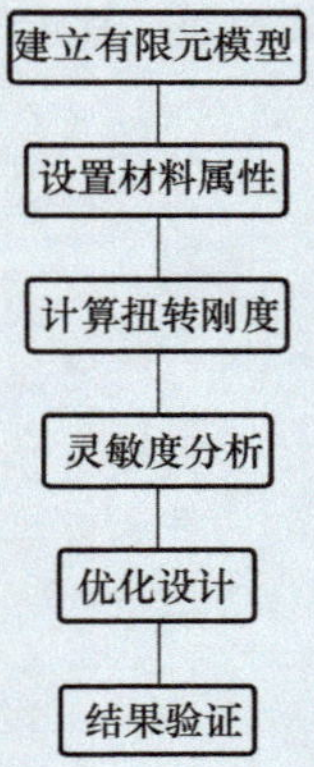 建立有限元模型→设置材料属性→计算扭转刚度→灵敏度分析→优化设计→结果验证
7	学习 Altair Inspire 软件轻量化操作流程	计算机	1）在医生的专业指导和建议下，对脊柱侧弯支具进行设计，打开逆向建模完成的脊柱模型文件	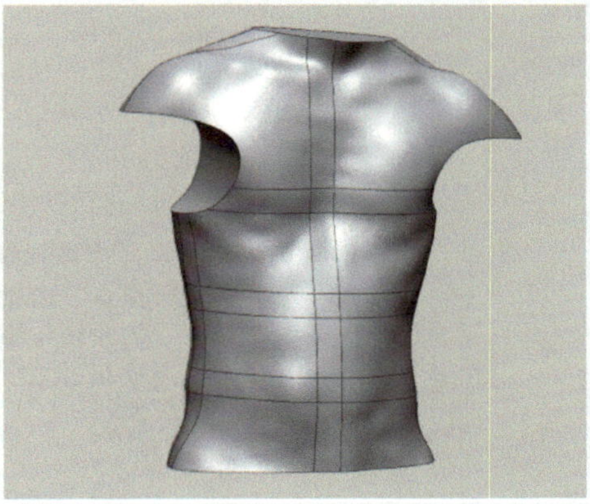

(续)

序号	学习流程内容	工具	目标/操作步骤	备注
7	学习 Altair Inspire 软件轻量化操作流程	计算机	2）单击"精确曲面"菜单栏中"创建曲面片网格"按钮 ，选择"样条曲线" 命令，在脊柱模型上根据医生的矫正方案对支具轮廓进行绘制	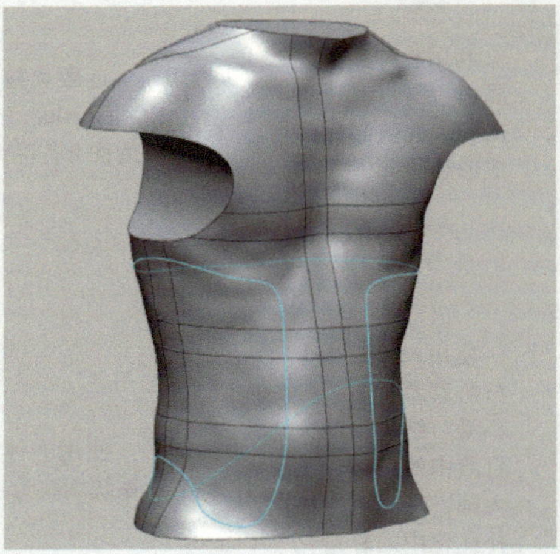
			3）在"3D草图"菜单栏中单击"偏移"按钮 ，选中刚才绘制的3D曲线，向曲线内侧偏移25mm，完成后点击"确定"按钮	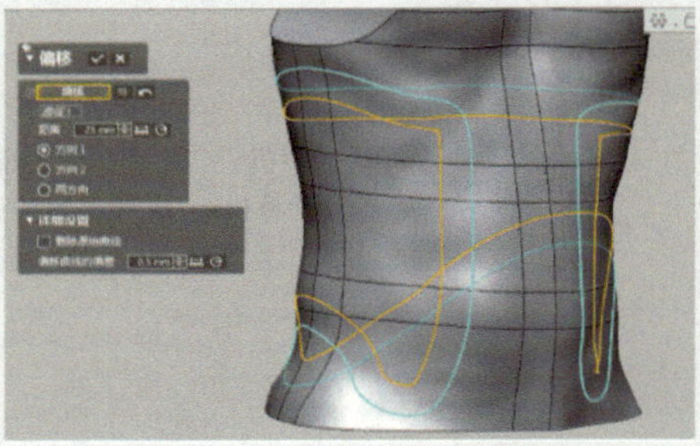
			4）使用"样条曲线"命令，将偏移曲线全部有重叠的边角处进行重新过渡	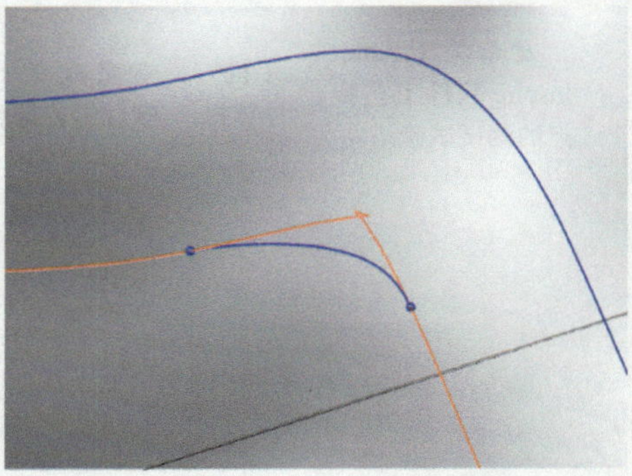
			5）单击"分割"按钮 ，选择"与线的相交点"选项，再选择偏移的曲线与绘制的曲线，完成后点击"确定"按钮	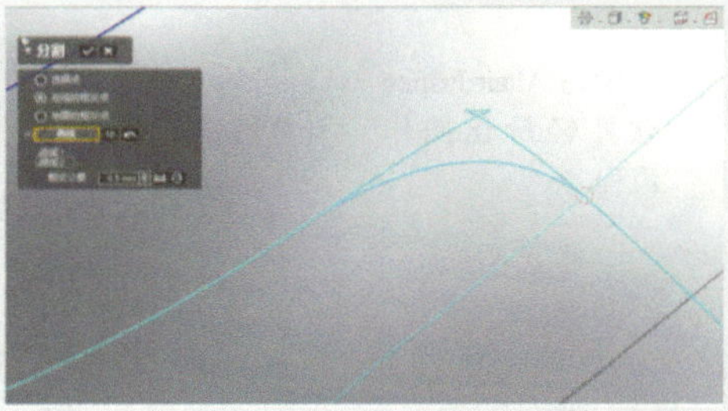

项目三 基于3D打印技术的脊柱侧弯支具产品开发案例

（续）

序号	学习流程内容	工具	目标/操作步骤	备注
7	学习 Altair Inspire 软件轻量化操作流程	计算机	6）选择重叠的区域，按〈Delete〉键删除	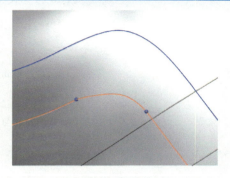
			7）继续使用"样条曲线"命令绘制，绘制脊柱侧弯支具上的泄力孔	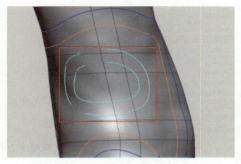
			8）单击"模型"菜单栏中的"曲面偏移"按钮 曲面偏移 ，选择3D草图区域内的所有曲面，完成后点击"确定"按钮 ✓	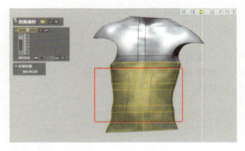
			9）单击"剪切曲面"按钮 剪切曲面 ，"工具"项选择绘制的脊柱侧弯支具的3D草图，"对象"项选择上一步偏移的曲面，选择支具区域作为保留体	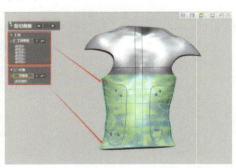
			10）选中模型树中刚剪切完成的脊柱侧弯支具面片，按〈Ctrl+C〉键复制、按〈Ctrl+V〉键粘贴，将该面片复制两份	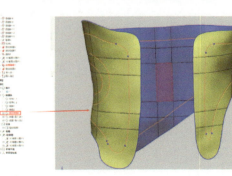

113

(续)

序号	学习流程内容	工具	目标/操作步骤	备注
7	学习 Altair Inspire 软件轻量化操作流程	计算机	11）单击"剪切曲面"按钮 ，对脊柱侧弯支具的轮廓与泄力孔连接处完成剪切	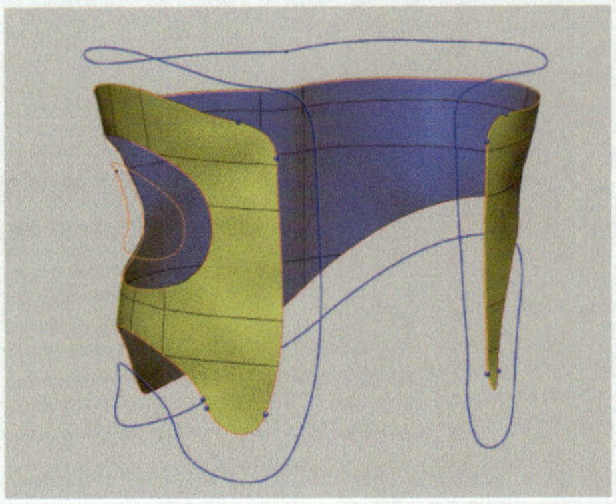
			12）单击"剪切曲面"按钮 ，对脊柱侧弯支具模型泄力孔位置面片完成剪切	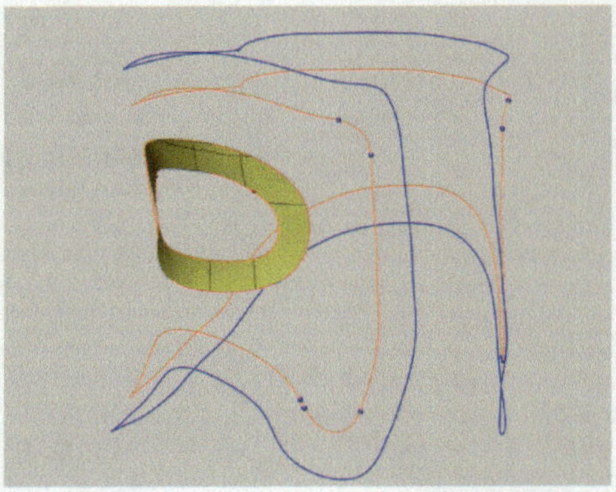
			13）单击"剪切曲面"按钮 ，对脊柱侧弯支具的轮廓完成剪切	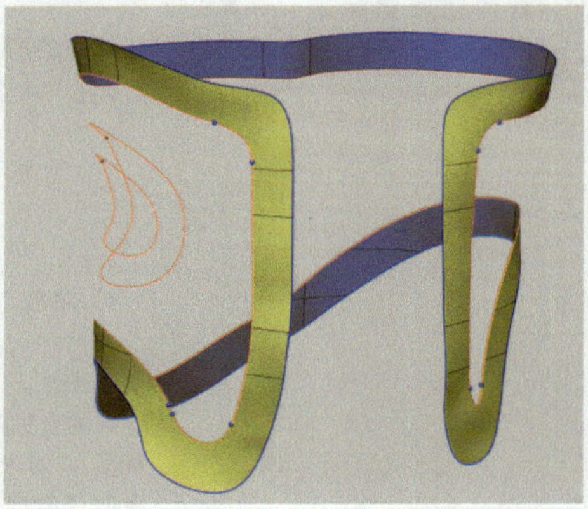
			14）将脊柱侧弯支具三个部分的面片进行加厚，单击"赋厚曲面"按钮 ，对这三个部分分别加厚 5mm	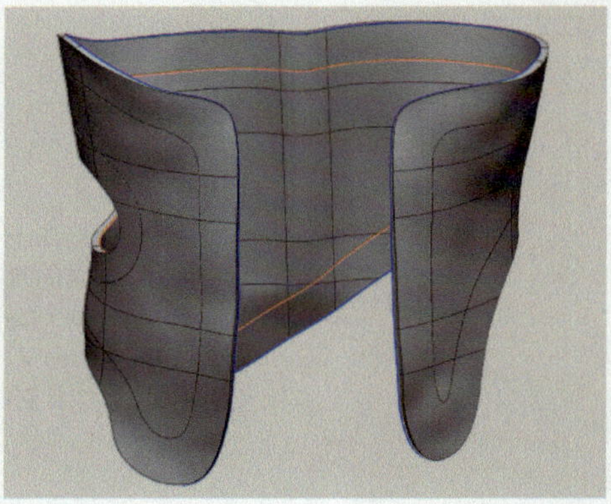

项目三　基于3D打印技术的脊柱侧弯支具产品开发案例

（续）

序号	学习流程内容	工具	目标/操作步骤	备注
7	学习 Altair Inspire 软件轻量化操作流程	计算机	15）为方便后续打印制件以及拓扑优化调整，需要将该支具拆分为四份，使用"样条曲线" 命令，在支具上绘制分割用 3D 曲线	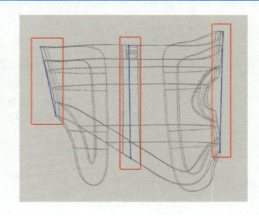
			16）将绘制完成的 3D 曲线分别以上基准平面、右基准平面沿支具的垂直方向上使用"拉伸" 命令创建曲面，确保拉伸后的面片能穿过脊柱侧弯支具	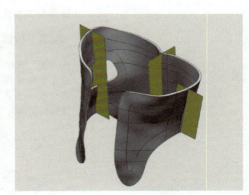
			17）分别将三个拉伸的曲面沿曲面方向进行"曲面偏移" 曲面偏移，偏移距离设置为 12.5mm，完成偏移后将拉伸的面片"隐藏"	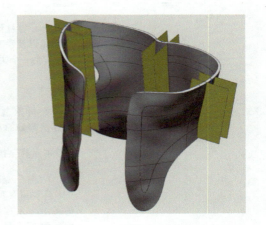
			18）先复制支具连接部分的实体，单击"模型"菜单栏中"切割"按钮 ，选择偏移曲面作为"工具要素"项，复制的支具连接部分为"对象体"项，"残留体"如图所示，完成后单击"确定"按钮	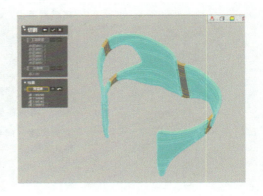

115

走进增材制造

（续）

序号	学习流程内容	工具	目标/操作步骤	备注
7	学习 Altair Inspire 软件轻量化操作流程	计算机	19）单击"圆角"按钮 圆角，将切开的直角边部分进行圆角过渡，圆角尺寸设置为 12mm	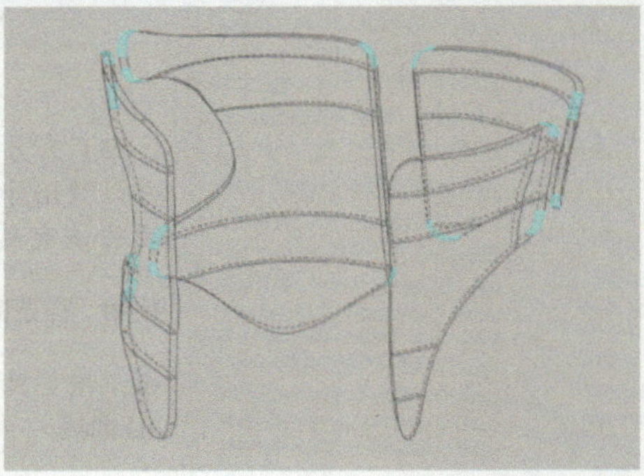
			20）再复制一个支具连接部分的实体。单击"布尔运算"按钮 布尔运算，"操作方法"选择"切割"，选择 4 个脊柱侧弯支具连接部分实体为"工具要素"，复制的实体为"对象体"	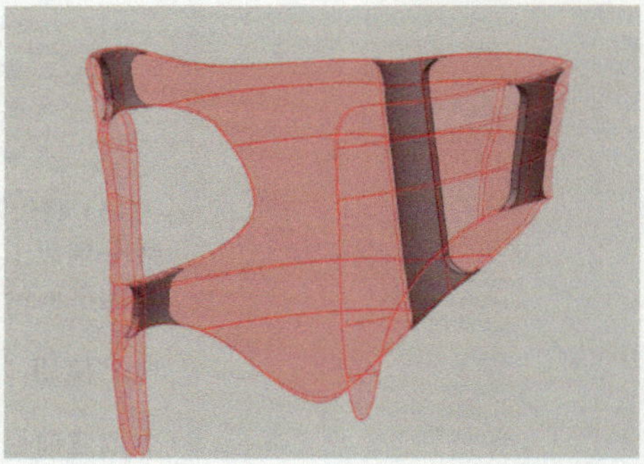
			21）单击"布尔运算"按钮 布尔运算，将上一步留下的实体、脊柱侧弯支具轮廓实体以及泄力孔实体合并运算为一个实体	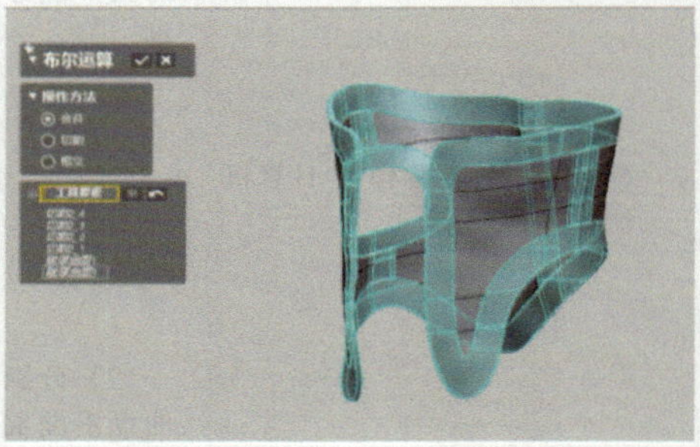
			22）再次复制一个支具连接部分的实体。单击"布尔运算"按钮 布尔运算，"操作方法"选择"切割"，"工具要素"项选择合并的实体，"对象体"项选择刚复制的支具连接部分，完成后单击"确定"按钮 ✓	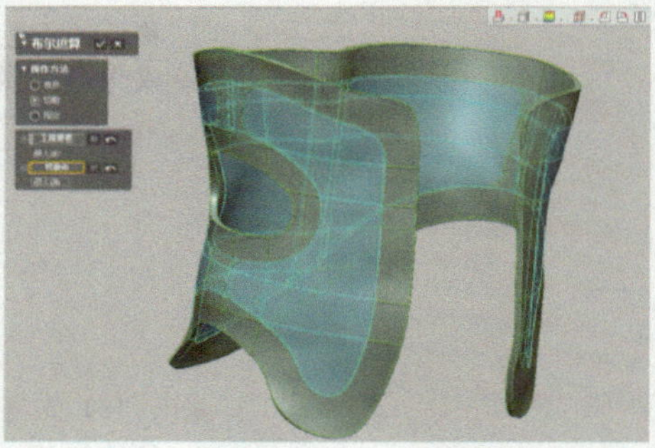
			23）单击"输出"按钮，将脊柱侧弯支具的全部实体一同导出为 X_T 格式的模型文件	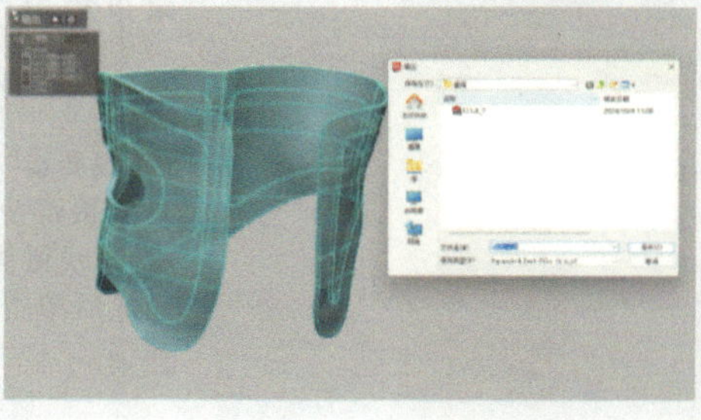

项目三　基于3D打印技术的脊柱侧弯支具产品开发案例

（续）

序号	学习流程内容	工具	目标/操作步骤	备注
7	学习 Altair Inspire 软件轻量化操作流程	计算机	24）启动 Altair Inspire 轻量化软件	
			25）在软件菜单栏"文件"项中单击"导入"按钮 ，将前步 X_T 格式模型文件导入到 Altair Inspire 软件中	
			26）模型导入完成后，全选模型，单击鼠标右键在弹出的工具栏中"材料"选择打印制作脊柱侧弯支具的材料，如果没有该打印材料可通过新建一项材料，然后重新设定支具材料	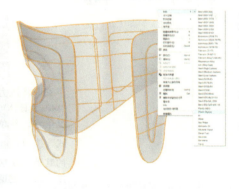
			27）将脊柱侧弯支具需要优化的区域位置选中并单击鼠标右键将其设置为"设计空间"	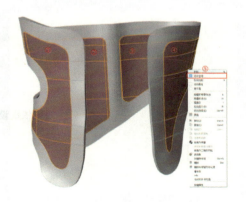

（续）

序号	学习流程内容	工具	目标/操作步骤	备注
7	学习 Altair Inspire 软件轻量化操作流程	计算机	28）在"结构仿真"菜单栏中选择载荷  , 载荷按钮包含"扭矩""压力""力""固定约束"几种功能按钮，这里单击"固定约束"按钮，并在如图所示位置单击设定固定约束，完成后按〈Esc〉键退出	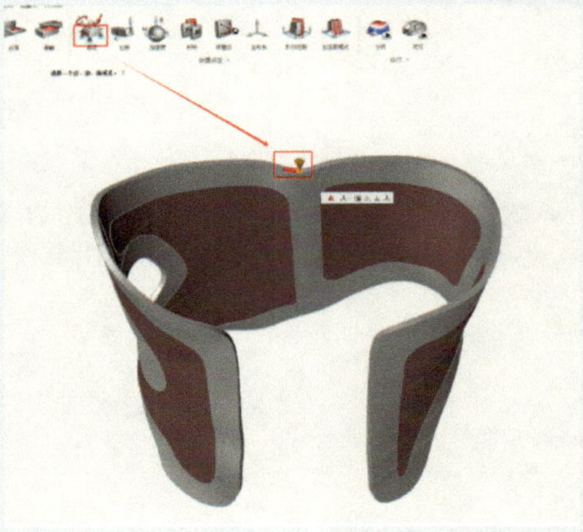
			29）参照支具产品的真实使用情况设置分布压力载荷  , 设置脊柱侧弯支具的"压力"部分，如图所示选中支具受力的部分	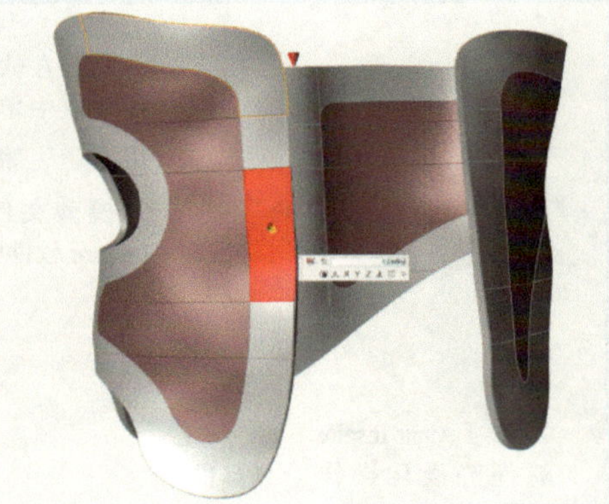
			30）将压力数值设定为1MPa，具体可参考实际情况给定，并单击"多选模式"按钮 , 选择相邻的其他几块区域，完成后按〈Esc〉键退出	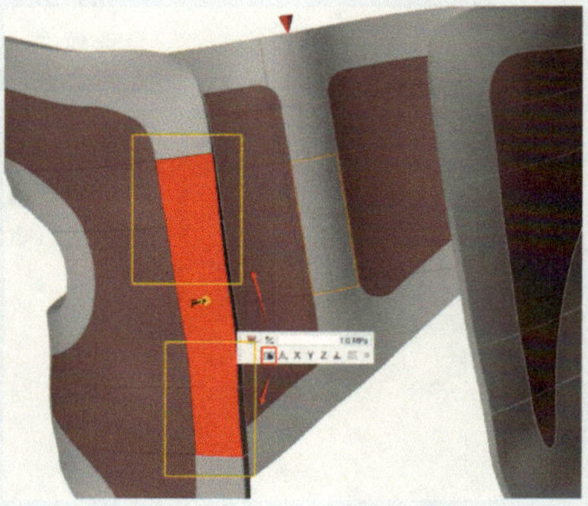
			31）依次设置其余的压力载荷	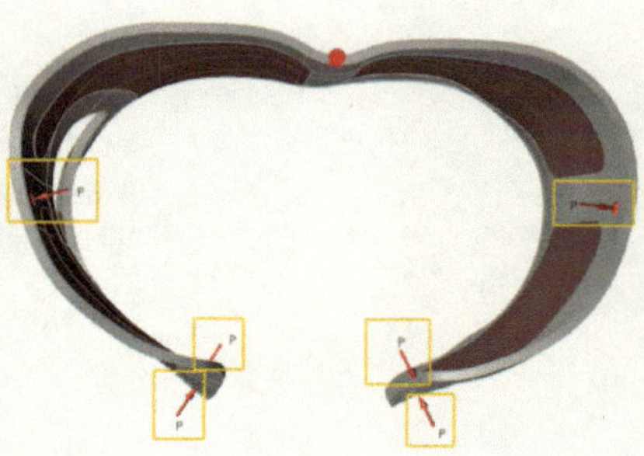

项目三 基于3D打印技术的脊柱侧弯支具产品开发案例

(续)

序号	学习流程内容	工具	目标/操作步骤	备注
7	学习 Altair Inspire 软件轻量化操作流程	计算机	32）打开载荷中的"载荷工况"，对刚才施加的载荷进行分析，对几种可能的施力方式进行区分 	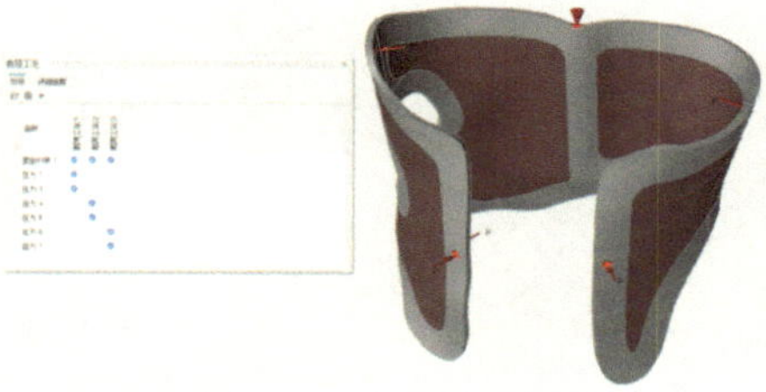
			33）单击"分析"→"运行 Optistruct 分析"按钮，选择"更准确"，然后开始运行 	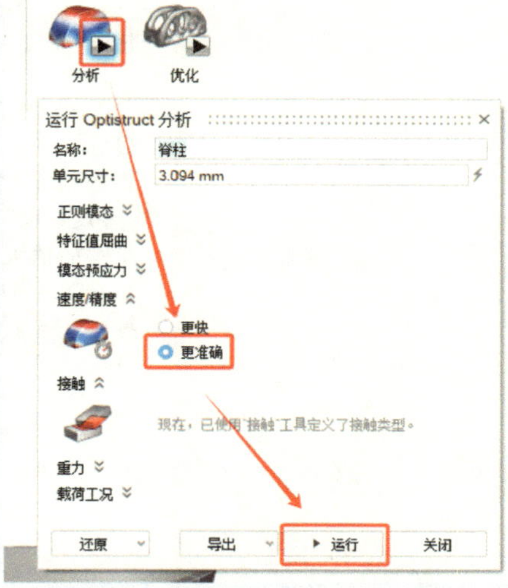
			34）运行过程中会出现"运行状态"窗口，待状态条加载完成后双击进行查看	
			35）可在分析界面查看在不同载荷工况下、不同力的施加对脊柱侧弯支具模型的变化及影响，可在"结果类型"栏中选择其他的结果进行预览，从而更好地分析判断该模型的情况	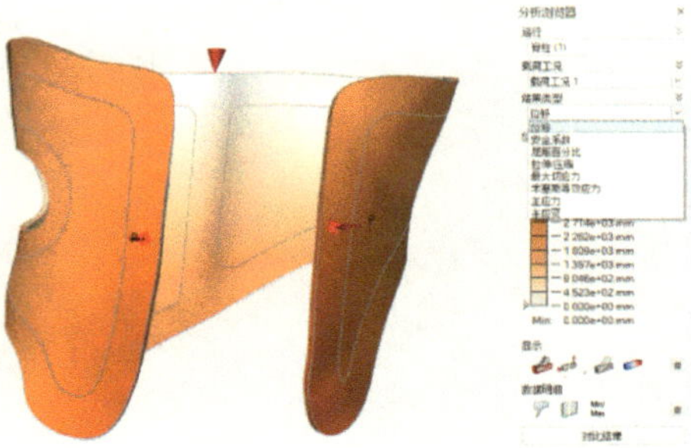
			36）单击"播放"按钮可更直观地观察整个模型受力后产生的变化	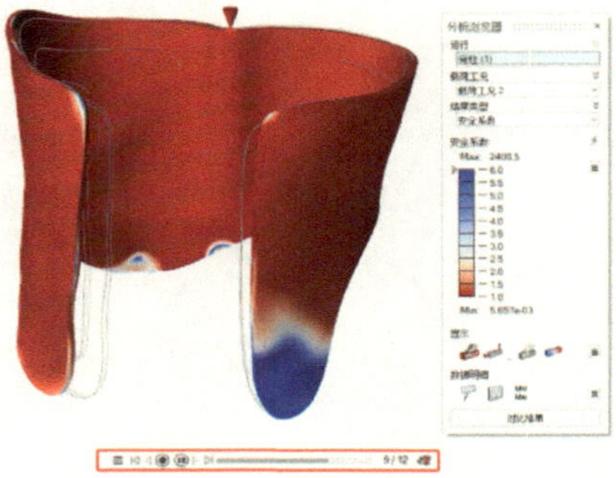

119

(续)

序号	学习流程内容	工具	目标/操作步骤	备注
7	学习Altair Inspire软件轻量化操作流程	计算机	37）对该支具进行轻量化处理的拓扑优化。单击"优化"→"运行优化"按钮，选择"类型"为"拓扑"，"质量目标"与"厚度约束"需要进行多次的运行测试，"厚度约束"第一次测试可填写的值大些，以加快运行速度，最后单击"运行"按钮，等待结果运算完成	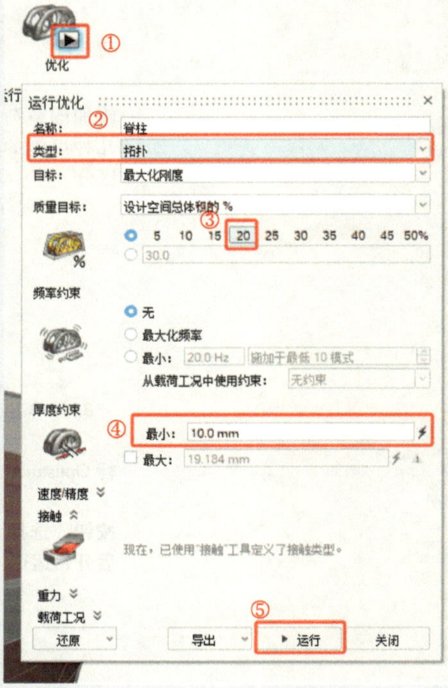
			38）由于施加压力载荷的位置不同、固定约束位置不同以及支具形状不同，最后产生的结果都不相同	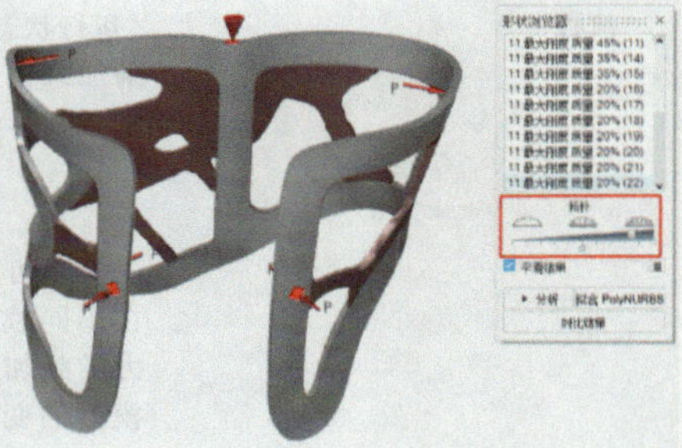
			39）在PolyNURBS中单击"自适应"按钮，设置完面的数量与曲率后确定，得到自适应后的脊柱侧弯支具模型	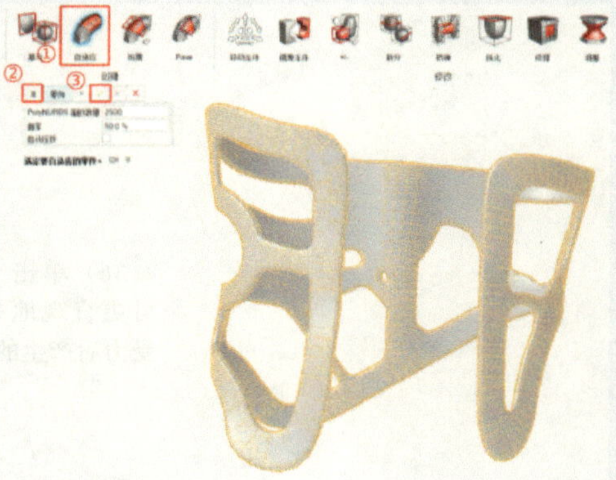

项目三　基于3D打印技术的脊柱侧弯支具产品开发案例

(续)

序号	学习流程内容	工具	目标/操作步骤	备注
7	学习Altair Inspire软件轻量化操作流程	计算机	40）完成脊柱侧弯模型的拓扑优化	
			41）后续脊柱侧弯支具加工完成后，可通过在模型内部粘贴具有生物相容性的材料来协助脊柱侧弯患者矫正，具有轻便、稳固、透气等效果的同时达到最佳的矫正效果	
			42）也可以通过参数化建模的方式，结合拓扑优化结果将脊柱侧弯支具进行重构，基于网格结构拓扑优化：受力大的部分网格孔会变小，连接位置更紧密；受力小或不受力的区域则网格孔变大，连接位置更疏松	
8	发起讨论：模型的受力位置、压力大小对成形制件的影响	手机/计算机	通过讨论和教师讲解，理解零件受力大小、载荷工况及工艺参数（温度、层厚等）对成形制件的影响	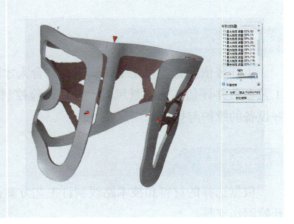

(续)

序号	学习流程内容	工具	目标/操作步骤	备注
9	发起讨论：载荷工况参数对成形制件的影响	手机/计算机	通过讨论和教师讲解，了解载荷工况参数对成形制件的影响	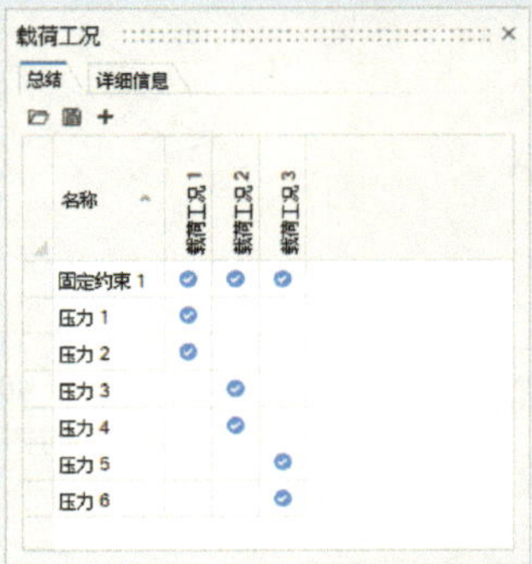
10	汇报轻量化软件使用过程中遇到的问题以及解决措施，如没有施加固定约束、无法找到InspireOptiStructure功能的许可证等	手机/计算机	解决软件使用过程中存在的问题	
11	学生记录教师的课堂总结	手机/计算机	再次巩固重点：Altair Inspire 轻量化技术特点及工艺参数设置	

思考与练习

学习使用 Altair Inspire 软件对支具模型进行轻量化优化设计以及载荷分析，并且回答下面的问题。

1）轻量化设计对产品有什么好处？
2）简述 Altair Inspire 软件轻量化设计的基本流程。
3）为什么要对产品进行受力分析？

任务六　3D 打印工艺方案的制订与支具制作

面向岗位工作描述

本任务依照企业常见工作流程，结合人才培养目标要求，先根据产品需求选择材料，然后拟定工艺参数并评估工艺质量风险，做好风险控制预案，最后进行支具的 3D 打印，并在制件过程中做好设备的维护与排故。

任务目标

根据选择的材料和技术路线制订工艺方案，完成工艺质量风险评估，最后操作 FDM 3D 打印机开始制作支具。

项目三　基于3D打印技术的脊柱侧弯支具产品开发案例

1. 知识目标

1）了解物体成形方式。

2）了解各类3D打印工艺特点。

2. 技能目标

1）能根据产品特点和功能选择合适的材料和3D打印设备。

2）能根据产品的要求制订制造工艺方案。

3）能熟练使用3D打印设备进行生产加工。

4）能够分析3D打印设备的故障点并进行针对性维护作业。

3. 素养目标

1）培养学生严格遵守规范、精益求精的工匠精神。

2）提高学生正确认识问题、分析问题和解决问题的能力。

3）学生树立正确的劳动观念。

一、物体成形方式

物体成形方式主要有以下四类：减材成形、受压成形、增材成形、生长成形。

减材成形：主要采用分离方法把多余材料有序地从基体上剔除而形成零件，如传统的车、铣、磨、钻、刨、电火花和激光切割都属于减材成形，如图3-26所示。

受压成形：主要利用材料的可塑性在特定的外力下形成零件，传统的锻压、铸造、粉末冶金等技术都属于受压成形，如图3-27所示。受压成形多用于毛坯阶段的工件制作，但也有直接用于最终零件成形，如精密铸造、精密锻造等净成形。

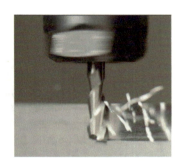

图3-26　减材成形

图3-27　受压成形

增材成形：又称堆积成形，它主要利用机械、物理、化学等方法，通过有序地添加材料而堆积成形制件，如图3-28所示。

生长成形：利用材料的活性进行成形的方法，自然界中的生物个体发育属于生长成形，如图3-29所示。随着活性材料、仿生学、生物化学和生命科学的发展，生长成形技术将得到长足的发展。

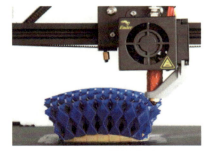

图3-28　增材成形

图3-29　生长成形

二、各类 3D 打印工艺的工作原理、应用及特点（表 3-6）

表 3-6 各类 3D 打印工艺的工作原理、应用及特点

工艺类型	工作原理	应用及特点
光固化成形（SLA）	SLA 是最早实用化的快速成形技术。它用特定波长与强度的激光在计算机的控制下，由预先得到的零件分层截面信息以分层截面轮廓为轨迹，连点扫描液态光敏树脂，被扫描区域的树脂薄层发生光聚合反应，从而形成零件的一个薄层截面实体，然后移动工作台，在已固化好的树脂表面再敷上一层新的液态树脂，进行下一层扫描固化，如此重复直至整个零件原型制造完毕 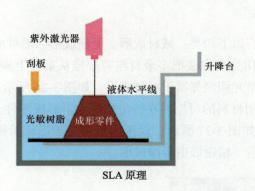 SLA 原理	SLA 主要用于制造多种模具、模型等，还可以在原料中加入其他成分，用 SLA 原型模代替熔模精密铸造中的蜡模
熔融沉积成形（FDM）	FDM 是一种挤出成形技术。将 FDM 3D 打印设备的打印头加热，使用电加热的方式将丝状材料（如石蜡、金属、塑料和低熔点合金等）加热至略高于熔点之上（通常控制在比熔点高 1℃ 左右），打印头受分层数据控制，使半流动状态的熔丝材料（丝材直径一般大于 1.5mm）从喷头中挤压出来，凝固成轮廓形状的薄层，一层层叠加后形成整个零件模型 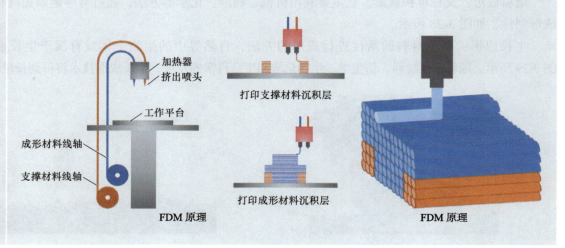 FDM 原理　　　　　　　　　　　FDM 原理	FDM 是现在使用最为广泛的 3D 打印方式，采用这种方式的设备既可用于工业生产也面向个人用户。所用的材料除了白色外还有其他颜色，可在成形阶段给成品做出带颜色的效果。使用这种成形方式时，每一叠加层的厚度相比其他方式较厚，所以多数情况下分层清晰可见，处理也相对简单

(续)

工艺类型	工作原理	应用及特点
选择性激光烧结（SLS）	SLS 采用 CO_2 激光器作为能源，根据原型的切片模型利用计算机控制激光束进行扫描，有选择地烧结固体粉末材料以形成零件的一个薄层。一层完成后，工作台下降一个层厚，铺粉系统铺上一层新粉，再进行下一层的烧结，层层叠加。全部烧结完成后去掉多余的粉末，再进行打磨烘干等处理便可得到最终的零件。需要注意的是，在烧结前，工作台要先进行预热，这样可以减少成型中的热变形，也有利于叠加层之间的结合	与其他快速成型方式相比，SLS 最突出的优点是其可使用的成形材料十分广泛，理论上讲，任何加热后能够形成原子间粘结的粉末材料都可以作为其成形材料。目前，可进行 SLS 成形加工的材料有石蜡、高分子材料、金属、陶瓷粉末和它们的复合粉末材料，成形材料的多样化使得其应用范围越来越广泛
	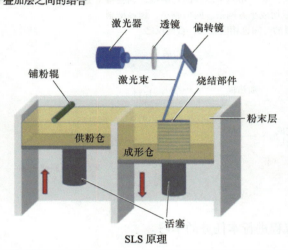 SLS 原理	
三维打印（3DP）	三维打印技术（Three-Dimensional Printing）才是真正的 3D 打印。因为这项技术和平面打印非常相似，甚至连打印头都是直接用平面打印机的。3DP 技术根据打印方式不同又可以分为热爆式三维打印、压电式三维打印和 DLP 投影式三维打印等。这里主要介绍常见的热爆式三维打印。它所用的材料与 SLS 类似，也是粉末材料，所不同的是粉末材料并不是通过烧结连接起来，而是通过喷头喷出黏结剂将零件的截面"印刷"在粉末材料上 3DP 所用的设备一般有两个箱体，一边是储粉缸，一边是成形缸。工作时，由储粉缸推送出一定分量的成形粉末材料，并用滚筒将推送出的粉末材料在加工平台上铺成薄薄一层（一般为 0.1mm），打印头根据数据模型切片后获得的二维片层信息喷出适量的黏结剂，粘住粉末成型，做完一层，工作平台自动下降一层的厚度，重新铺粉粘结，如此循环便会得到所需的产品	3DP 的原理和打印机非常相似，这也是三维打印这一名称的由来。它最大的特点是小型化和易操作性，适用于商业、办公、科研和个人工作室等场合，但缺点是成品精度和表面质量都较差。因此在打印方式上的改进必不可少，例如，压电式三维打印也类似于传统的二维喷墨打印，但却可以打印超高精细度的样件，适用于小型精细零件的快速成形，相对于 SLA 其设备更容易维护，表面质量也较好
	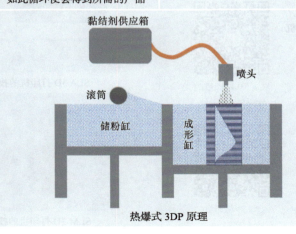 热爆式 3DP 原理	

走进增材制造

（续）

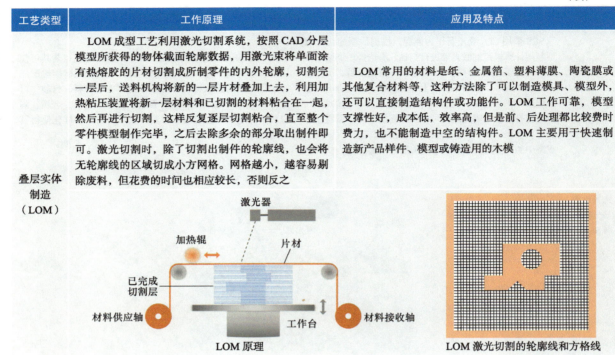

工艺类型	工作原理	应用及特点
叠层实体制造（LOM）	LOM 成型工艺利用激光切割系统，按照 CAD 分层模型所获得的物体截面轮廓数据，用激光束将单面涂有热熔胶的片材切割成所制零件的内外轮廓，切割完一层后，送料机构将新的一层片材叠加上去，利用加热粘压装置将新一层材料和已切割的材料粘合在一起，然后再进行切割，这样反复逐层切割粘合，直至整个零件模型制作完毕，之后去除多余的部分取出制件即可。激光切割时，除了切割出制件的轮廓线，也会将无轮廓线的区域切成小方网格。网格越小，越容易剔除废料，但花费的时间也相应较长，否则反之	LOM 常用的材料是纸、金属箔、塑料薄膜、陶瓷膜或其他复合材料等，这种方法除了可以制造模具、模型外，还可以直接制造结构件或功能件。LOM 工作可靠，模型支撑性好，成本低，效率高，但是前、后处理都比较费时费力，也不能制造中空的结构件。LOM 主要用于快速制造新产品样件、模型或铸造用的木模

LOM 原理　　　　　LOM 激光切割的轮廓线和方格线

请依照表 3-7 中流程进行本任务的学习。

表 3-7　本任务的学习流程

序号	学习流程内容	工具	目标	备注
1	学习"FDM 3D 打印机的技术原理与特点""SLA 3D 打印机的技术原理与特点""SLM 3D 打印机的技术原理与特点"等微课视频资源	手机/计算机	掌握常用工艺材料，及各主流 3D 打印机的技术原理与特点　FDM 3D 打印机的技术原理与特点　SLA 3D 打印机的技术原理与特点　SLM 3D 打印机的技术原理与特点	FDM 3D 打印机的技术原理与特点　SLA 3D 打印机的技术原理与特点　SLM 3D 打印机的技术原理与特点

项目三　基于3D打印技术的脊柱侧弯支具产品开发案例

（续）

序号	学习流程内容	工具	目标	备注
2	观看"一带一路青年创业故事"视频	手机/计算机	了解案例，培养以人为本、科技向善的设计理念 一带一路青年创业故事	案例实物：便携式太阳能灯 为了实现资源的可持续利用，帮助非洲地区的孩子们实现在夜里的安全照明，一位中国女性青年创业者，设计并制作了一款太阳能照明灯。这款照明灯成本低廉，且许多的细节体现了以人为本、科技向善的设计理念
3	小组讨论选择合适的支具材料，对比PLA、光敏树脂、钛合金三种材料的弹性模量、安全性、成本和制作速度	笔记本、笔	了解各材料性能，完成支具材料的选择	材料试样测试 用户对支具的要求在产品制造中体现为：高强度、高刚度、低成本、无毒性、生产速度快
4	以知识竞赛的方式，回顾3D打印工艺方案的制订和支具的制作方法	笔记本、笔	根据FDM 3D打印技术原理初拟工艺方案和支具制作方法 课前测试题	FDM 相关知识竞赛 1. 下列哪一项不是FDM 3D打印的优点？（　　） 　A. 成本相对较低　　　　　　B. 打印速度快 　C. 材料种类丰富　　　　　　D. 打印精度高 2. 在FDM 3D打印过程中，喷头温度通常需要达到以下哪个范围？（　　） 　A. 50~100℃　　　　　　　B. 180~240℃ 　C. 300~400℃　　　　　　　D. 500~600℃ 3. 下列哪种材料不适合用于FDM 3D打印机？（　　） 　A. ABS塑料　　　　　　　B. PLA塑料 　C. 金属粉末　　　　　　　D. PETG塑料 4. FDM 3D打印中的"回抽"功能主要是为了防止什么现象发生？（　　） 　A. 模型翘曲　　　　　　　B. 材料堵塞 　C. 喷嘴滴料　　　　　　　D. 层间剥离 5. 在FDM 3D打印中，支撑结构的主要作用是什么？（　　） 　A. 提高打印速度　　　　　B. 防止模型变形 　C. 增加模型强度　　　　　D. 减少材料消耗

(续)

序号	学习流程内容	工具	目标	备注
5	教师示范如何利用切片软件进行工艺仿真	笔记本、笔	根据工艺参数进行仿真模拟	（切片软件界面图）
6	教师讲解工艺质量风险管理，对于风险优先级数值高的工艺进行风险控制	笔记本、笔	小组讨论并填写工艺质量风险评估分析表 工艺质量风险评估分析表（二维码）	风险评估的流程一般包括风险识别、风险分析和风险评价三个部分（见下表）

风险评估分析表：

序号	风险描述	风险等级	影响评估	应对措施	责任人	监控频率	状态更新	备注
1	材料选择不当导致支具强度不足	高	支具无法有效支撑脊柱，影响治疗效果	选择符合医疗标准且具有足够强度和柔韧性的材料				需测试材料性能
2	设计模型与患者实际体型不匹配	中	支具佩戴不适，可能导致患者皮肤压伤或效果不佳	使用高精度扫描技术获取患者体型数据，并进行个性化设计调整				需定期复查设计
3	打印过程中温度控制不准确	高	影响材料的结晶度和力学性能，降低支具强度	校准3D打印机温度控制系统，确保在最佳温度范围内打印				需记录温度曲线
4	层厚设置不合理导致表面粗糙	中	增加皮肤摩擦，降低佩戴舒适度	根据材料特性和设计要求优化层厚设置，提高表面质量				需测试不同层厚
5	支撑结构设计不足导致变形	高	支具在使用过程中失去形状，无法提供有效支撑	加强支撑结构设计，进行有限元分析验证其稳定性				需模拟分析结果
6	后处理工艺不当导致尺寸偏差	中	支具尺寸与设计不符，影响佩戴效果	优化后处理流程，严格控制尺寸公差，定期校验测量工具的准确性				需记录尺寸数据

项目三 基于3D打印技术的脊柱侧弯支具产品开发案例

(续)

序号	学习流程内容	工具	目标	备注
7	讲解安全注意事项以及"5S"现场管理法	笔记本、笔	学生整理零件与工具,保持工作面整齐有序	
8	讲解打印前的设备检查流程	笔记本、笔	根据发现的问题进行打印前的调试和维修	设备检查流程为:检查设备整体外观,其零部件是否有明显损坏或缺失→打开电源,预热喷头和热床→检查各运动轴→检查打印平台板→检查喷头和挤出装置 可以提前调试维护,保障生产顺利与安全
9	学习3D打印机调平方法	手机/计算机	完成FDM 3D打印机的调平	象限调平法:将打印平台以中心为原点,划分为四个象限,对应手动调节螺母,配合A4纸进行调平
10	教师对现场典型的设备问题做故障分析和维护操作示范	手机/计算机	1. 观察并记录生产过程,包括加工用时、设备状态、维护记录等 2. 根据维修案例库和教师指导排除突发风险与故障	培养学生主动学习的意识,对于不常见的故障点能查询故障案例库寻求解决办法
11	引导学生主动应用故障案例库	手机/计算机	学会应用故障案例库,提高解决效率	 1.拉丝或垂料　2.打印机刨料　3.打印时层开裂 4.顶部出现空隙　5.打印件翘边　6.底部粗糙

思考与练习

完成支具的3D打印工艺方案的制订并制件,回答下面的问题。

1)为什么选用FDM工艺制作支具?

2)对比各3D打印成形工艺的优缺点是什么?

任务七　支具产品的质量检测与工艺优化

面向岗位工作描述

本任务结合人才培养目标要求，将支具制件的检测评价项目标准化、流程化，主要培养使用相关检测仪器进行检测并填写检测报告，以及掌握 3D 打印件常见质量问题和解决办法的技能。

任务目标

依据作业指导书，完成支具制件的质量检测，基于检测结果进行质量分析和工艺优化。掌握支具的检测方法、工艺参数的优化以及打印质量问题分析方法。

1. 知识目标

1）掌握 3D 打印件的质量检测方法和检测流程。

2）掌握 3D 打印件工艺参数的优化与打印质量问题的分析。

2. 技能目标

1）能根据产品工程评价要求，使用相应的质量检测仪器对产品进行质量检测。

2）能根据产品问题调整工艺参数。

3. 素养目标

1）培养学生严格遵守规范、精益求精的工匠精神。

2）提高学生正确认识问题、分析问题和解决问题的能力。

3）学生树立正确的劳动观念。

一、质量检测

为确保产品符合规定的性能和质量标准，需要对产品的质量和性能进行评估，如光学检测、机械式检测、无损检测、性能检测、可靠性检测、力学检测等。

（1）光学检测　利用光学原理来检查零件的尺寸、形状和表面质量，精确测量零件的轮廓和表面微观几何形状，识别产品细节和潜在缺陷。常用的设备包括扫描仪、光学显微镜以及激光测距仪等（图 3-30）。

（2）机械式检测　通过机械原理检测零件的尺寸、角度等参数，常见的工具有卡尺、千分尺、万能角度尺（图 3-31）和水平仪等，适用于现场快速检测。

（3）无损检测　在不损害被检测对象使用性能的情况下，利用物理或化学方法检查产品材料内部的缺陷。常见的无损检测方法包括射线检验（RT）、超声检测（UT）、液体渗透检测（PT）、磁粉检测（MT）和涡流检测（ECT）。这些技术在不破坏被检测对象的前提下，检测产品内部结构是否存在异常或缺陷。

（4）性能检测　对产品的性能，如表面质量、精度、气密性和密封性等进行全面检测，以确保产品在特定条件下能正常工作，满足设计规范和使用需求（图 3-32）。

（5）可靠性检测　通过各种环境试验来评估产品的可靠性，如耐腐蚀性能试验、高低温试验、湿热试验、盐雾试验等。这些试验模拟产品在不同环境下的使用情况，确保其长期稳定运行。

（6）力学检测　对产品进行冲击试验、振动试验、稳态加速度试验等，以评估其在受到外力作用时的抗力和稳定性（图3-33）。通过试验数据不断优化产品结构，提高产品的耐用性和安全性。

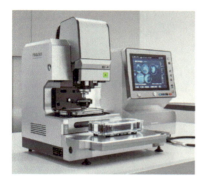

图3-30　产品光学检测

图3-31　万能角度尺

图3-32　产品性能检测

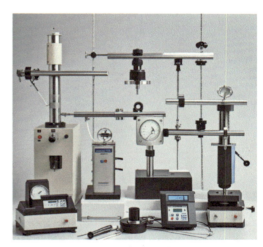

图3-33　产品力学检测

二、工艺优化

因此，对某一产品而言，工艺并不是唯一的，而且没有好坏之分。这种不确定性和不唯一性，和现代工业的其他元素不同。

工艺是从原材料到成品的方法和过程。它包含内容非常广泛，包括工艺文件、工艺设计、工具、设备、人员、现场等。

工艺既表示生产过程（工艺流程），也表示加工方法（钳工工艺、热处理工艺等），还表示制造质量（工艺水平），它也是一种生产资源（工艺员、工艺师、工艺设备等）。

工艺优化是对原有的工艺流程进行重组或改进，以达到提高运行效率、降低生产成本、严格控制工艺纪律的目的，即优于现行工艺的一种操作方法。它是劳动者利用生产工具对各种原材料半成品进行增值加工或处理，使之成为成品的方法与过程。

制订工艺方案的原则是：技术先进和经济合理。不同企业的设备生产精度以及工人熟练程度等因素都不相同，同一工厂在不同时期做的工艺也可能不同。

三、学习流程

请依照表3-8中流程进行本任务的学习。

表 3-8 本任务的学习流程

序号	学习流程内容	工具	目标	备注
1	学习"表面粗糙度基本常识""梁的弯曲"微课视频学习资源	手机/计算机	学习表面粗糙度和梁的弯曲的相关知识，并完成小测试 梁的弯曲与剪切应力	表面粗糙度基本常识（粗糙度A、坡度B、形状C） 梁的弯曲
2	发放质量检测任务书，完成任务书中的检测项目与质量要求连线题	手机/计算机	完成支具工程评价与工艺优化 3D 打印脊柱侧弯支具工程评价质量检测任务书	3D 打印脊柱侧弯支具工程评价质量检测任务书 | 序号	检查项目	检查方法	技术要求
---	---	---	---
1	材料性能测试	试验测试、文献调研	材料需满足医疗标准，具备足够的强度、柔韧性和生物相容性
2	设计模型评估	计算机模拟、患者试穿反馈	设计模型需与患者实际体型匹配，提供有效的支撑和矫正作用
3	表面粗糙度	测试仪	层厚一致性高，表面光洁度良好，无明显缺陷
4	后处理工艺审查	尺寸测量、外观检查	尺寸公差控制在合理范围内，表面质量符合规范
5	临床效果验证	临床试验、问卷调查	矫正效果显著，佩戴舒适度高，患者满意度良好	
3	回顾患者痛点与需求，讲解检测项目对保障产品质量的意义	手机/计算机	回顾患者痛点与需求，讲解检测项目对保障产品质量的意义	弯曲测试——为患者制作的支具最主要作用就是稳定关节，因此抗弯能力更强 外观测试——低成本、快速地发现毛刺、突起等表面质量问题，避免患者皮肤损伤，保障使用安全 粗糙度测试——标准规范的定量检测，避免主观偏差；将评价尺度深入到外观检测无法做到的微观层面，进一步改善表面质量，提升使用舒适度 尺寸精度检测——与患者身体个性化匹配的设计意图能否实现的重要指标 跌落测试——避免储存、运输和使用中的意外损坏

项目三　基于3D打印技术的脊柱侧弯支具产品开发案例

（续）

序号	学习流程内容	工具	目标	备注
4	教师做检测设备使用示范：便携式表面粗糙度测试仪的调平、参数设置（取样长度、评定长度）和启动	手机/计算机	跟随教师示范和视频回放，学习检测设备的使用	（便携式表面粗糙度测试仪图片）
5	根据支具产品的特点，讲解各项检测中的注意要点，如专用夹具的定位与夹紧、弯曲测试时载荷的加载位置	手机/计算机	记录并掌握检测中的注意要点	（硬度测试仪使用图片）
6	按指导规范完成检测，拍照并记录检测过程	手机/计算机	通过实践操作掌握3D打印件质量检测的基本方法；按流程规范操作，培养踏实细致的工作作风	尺寸精度—测量打印出的打印件尺寸与设计要求之间的差异；表面质量—评估打印件的表面粗糙度和外观质量；材料性能—评估打印件的力学性能，如强度、韧性和耐热等……
7	填写并上传质量检测报告单	手机/计算机	小组讨论检测结果并做汇报准备（脊柱侧弯支具打印质量检测报告单二维码）	脊柱侧弯支具打印质量检测报告单：外观测试、表面粗糙度测量、跌落测试、几何尺寸测量（尺寸／数字模型／3D打印件）、弯曲测试
8	教师检查各组的质量问题分析报告，给予反馈和修正建议	手机/计算机	根据教师的点评完成质量问题分析报告	通过迭代优化提升产品质量

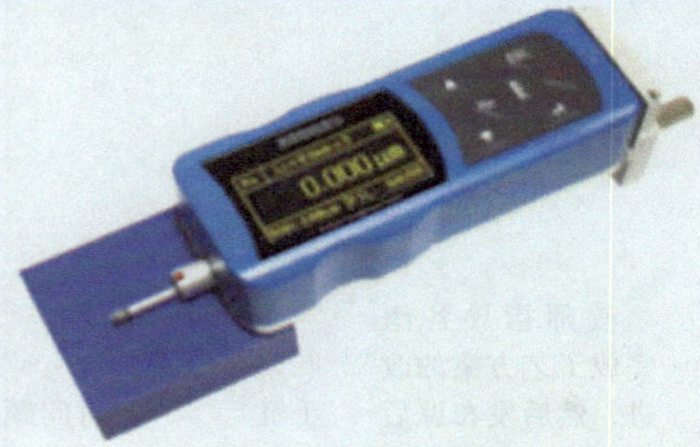

走进增材制造

(续)

序号	学习流程内容	工具	目标	备注
9	教师指导各组完成工艺方案的改进，然后发布课后任务：使用工艺优化后的方案打印支具	手机/计算机	针对问题改进工艺方案并进行加工仿真	层间断裂——原理模拟实验 互动小实验　层间结合强度　工艺仿真对比 解决方法：改变打印件摆放方向 易变形——公式推导+对比实验 $y_B = -\dfrac{4Fl^3}{Ebh^3}$ 转化为已经学过的悬臂梁　变形量和梁的挠度正相关　3D打印时间可以改变的量 解决方法：增大模型壁厚
10	按照工艺优化后的方案重新打印支具	手机/计算机	完成支具的打印	

思考与练习 ▸

本任务完成支具产品的质量检测与工艺优化，掌握3D打印件常见质量问题和解决办法，完成支具的制作，并回答下面的问题。

1) 什么是工艺？
2) 为什么要对产品进行质量检测？
3) 不同的成形方式和材料对3D打印件的结果有影响吗？

任务八 | 患者适配与产品综合评价

面向岗位工作描述 ▸

本任务根据"以人为本"的核心设计理念，通过收集最终出品的3D打印医疗支具的患者适配感受、患者和医生的综合评价，建立需求导向的创新设计工作全过程理念。

任务目标 ▸

回归客户需求，审视3D创新产品比对传统产品"痛点"的创新性、应用性，厘清融合创新的工作程序。明确客户需求与技术优势的对应关系、产出路径及质量把控的融合创新工作过程，需求目标与产品特性对接的实现质量。

项目三 基于3D打印技术的脊柱侧弯支具产品开发案例

1. 知识目标

1)了解患者匹配医疗器械的定义、特点。
2)了解综合评价的定义、特点。

2. 技能目标

1)能根据医疗支具开发需求完成制作并交付产品。
2)能配合临床治疗推进产品个性化设计及治疗功能增值。

3. 素养目标

1)培养学生严谨遵守规范、精益求精的工匠精神。
2)提高学生正确认识问题、分析问题和解决问题的能力。
3)学生树立正确的劳动观念。

一、患者匹配医疗器械

患者匹配医疗器械是指医疗器械生产企业在依据标准规格批量生产医疗器械产品的基础上,基于临床需求,按照验证确认工艺设计和制造的、用于指定患者的个性化医疗器械,如图 3-34 所示。患者匹配医疗器械具有以下特点:一是在依据标准规格批量生产医疗器械产品基础上设计生产,匹配患者个性化特点,实质上可以看作标准化产品的特定规格型号;二是其设计生产必须保持在经过验证确认的范围内;三是用于可以进行临床研究的患者人群,如定制式义齿、角膜塑形用硬性透气接触镜、骨科手术导板等。患者匹配医疗器械应当按照《医疗器械注册管理办法》《体外诊断试剂注册管理办法》的规定进行注册或者备案,注册或备案的产品规格型号为所有可能生产的尺寸范围。

图 3-34 患者匹配医疗器械

二、综合评价

使用比较系统、规范的方法对多个指标、多个单位同时进行评价的方法,称为综合评价,也称多指标综合评价。综合评价一般是主客观相结合的,方法的选择需基于实际指标数据情况选定,最关键的是指标的选取,以及指标权重的设置,这些需要基于广泛的调研和扎实的业务知识,是不能单纯从数学上解决的。

综合评价的特点如下:

1)评价过程并非一个指标接连一个指标顺次完成,而是通过一些特殊的方法将多个指标的评价同时完成。
2)在综合评价过程中,要根据指标的重要性进行加权处理,使评价结果更具有科学性。
3)评价的结果是根据评价对象综合分值的大小排序,并据此得到结论。

由以上特点可见,综合评价可以避免一般评价方法的局限性,使得运用多个指标对多个参数进行评价成为可能。这种方法从计算及其需要考虑的问题方面看都比较复杂,但其显著的特点——综合性和系统性使得综合评价方法得到人们的认可,并在实践中得到广泛应用,如工业经济效益综合评价、小康生活水平综合评价、科技进步综合评价，国家（地区）的综合实力评价、和谐社会评价等。随着科学技术的普及，综合评价计算方法的复杂性已经不成问题，而其综合性和系统性表现得更加突出，使得综合评价的作用突出。

三、学习流程

请依照表 3-9 中流程进行本任务的学习。

表 3-9　本任务的学习流程

序号	学习流程内容	工具	目标	备注
1	发布任务：支具 3D 打印项目总结汇报	手机/计算机	学生查看任务书，按照要求进行项目总结 支具 3D 打印项目总结汇报准备	支具 3D 打印项目总结汇报 {见下表}

序号	项目内容	完成情况	备注
1	项目背景	随着医疗技术的发展，3D 打印技术在医疗器械领域的应用日益广泛。本项目旨在利用 3D 打印技术制作个性化的脊柱侧弯支具，以解决传统支具个性化程度低、舒适度差等问题	
2	项目目标	通过 3D 打印技术制作出符合患者个体差异的脊柱侧弯支具，提高支具的强度、稳定性和舒适度，为脊柱侧弯患者提供更好的治疗方案	
3	项目周期	项目自启动以来，经过多轮测试和优化，最终完成了支具的设计、制作和临床验证	
4	支具设计	根据患者的三维扫描数据，利用逆向设计软件 Geomagic Design X 与轻量化软件 Altair Inspire 进行三维建模，生成了与患者脊柱形态相匹配的支具模型	
5	材料选择	选用了具有良好生物相容性、高强度和耐磨损的复合材料作为打印材料，确保支具的使用安全性和耐用性	
6	打印工艺	采用熔融沉积成形（FDM）技术进行打印，通过调整打印参数（如层厚、填充率等），优化了支具的力学性能和表面质量	
7	临床验证	将制作的支具在患者身上进行了一段时间的佩戴测试，结果显示支具能够有效矫正脊柱侧弯，且佩戴舒适度高，患者满意度良好	
8	项目亮点	实现了支具的个性化定制，根据患者的具体情况量身定制支具，大大提高了治疗的针对性和有效性	
9	存在问题及改进措施	在打印过程中，由于材料收缩等原因，部分支具出现了轻微的变形现象。针对这一问题，我们将进一步优化打印参数和后处理工艺，以减少材料收缩对支具精度的影响	
10	后续	基于本次项目的经验和教训，我们将继续优化支具的设计和制作工艺，提高产品的性能和质量。同时，我们还将探索 3D 打印技术在其他医疗器械领域的应用，为更多患者带来福音	

项目三　基于3D打印技术的脊柱侧弯支具产品开发案例

（续）

序号	学习流程内容	工具	目标	备注
2	教师检查学生制作的汇报PPT，给予反馈意见	手机/计算机	完成并上传制作好的汇报PPT	
3	邀请医院数字化医学创新中心的医生和负责人到场	手机/计算机	学生向院方展示打印作品、设计思路与制造过程	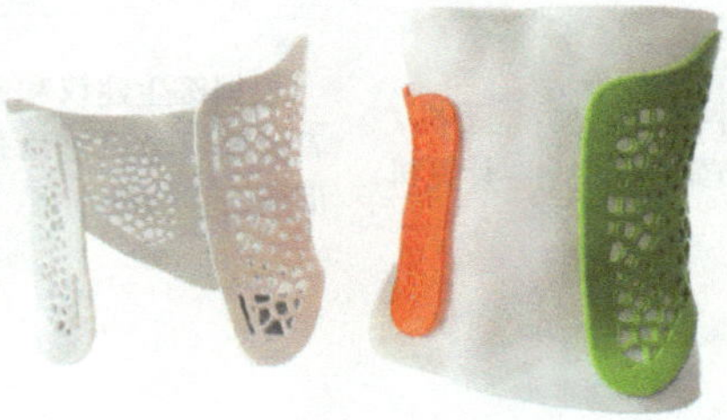
4	邀请医生点评，选出可以使用的支具	手机/计算机	回答医生的提问	
5	记录医生的综合评价并思考改进方案	笔记本、笔	记录医生意见与建议	
6	在医生协助下帮患者试戴，请患者给出试戴感受，得到综合评价		询问并记录患者的试戴感受	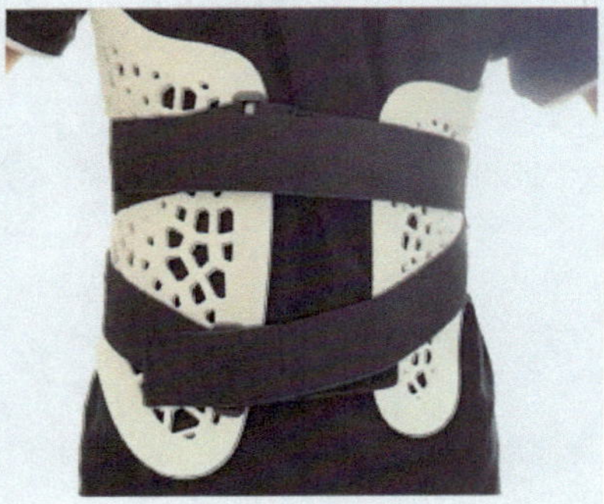

学生汇报和医生评价

(续)

序号	学习流程内容	工具	目标	备注
7	收集用户试戴意见	笔记本、笔	从用户处收集意见，帮助产品优化	
8	小组讨论改进方案	手机/计算机	根据医生建议和患者反馈，小组讨论并形成初步改进方案	<table><tr><th>可能的产品问题</th><th>解决方法</th></tr><tr><td>支具直角边缘和患者皮肤贴合太紧</td><td>支具边缘需向外翻边并倒圆角</td></tr><tr><td>患者骨骼突起部位需要露出避免压迫</td><td>先在采样后的全包裹基础模型上，根据需要修改挖出镂空的功能区域，再进行拓扑优化</td></tr><tr><td>不够光滑</td><td>减小切片厚度，用细目砂纸打磨，抛光液浸泡</td></tr><tr><td>不够结实</td><td>增加壁厚，调节摆放方向</td></tr></table>
9	教师检查各组改进方案并指导优化	手机/计算机	根据教师指导完善改进方案	
10	总结支具的使用情况，以及患者和医生的综合评价	手机/计算机	1）感谢医生的帮助和患者的志愿参与。 2）做好综合评价总结	
11	根据改进方案再次进行产品制作	手机/计算机	完成产品并将作品上传至国家级双创教育教学资源库项目推介子库中	学生完成度高的作品遴选后上传至国家级双创资源库项目推介平台中获得更多的社会关注对接资源，并继续完善优化作品 具有一定商业价值的作品遴选后上传至国家级双创资源库融资平台中获得更多的融资资源，进一步推进商业化实现的可能性

项目三　基于3D打印技术的脊柱侧弯支具产品开发案例

思考与练习

通过收集最终出品的 3D 打印医疗支具的患者适配感受、患者和医生的综合评价，建立需求导向的创新设计工作全过程理念，并且回答下面的问题。

1）患者匹配医疗器械的作用是什么？

2）对结果进行综合评价的作用是什么？

3）通过该 3D 打印技术医疗支具产品开发案例的学习，你对 3D 打印技术的应用是否有了新的了解？3D 打印技术还可以应用在哪些地方呢？

走进增材制造

项目评价单

任务	评价内容	分值	评分要求	得分
启动 3D 打印医疗项目	记录并分析传统治疗的痛点,并根据 3D 打印技术的性能特点提出解决方案	10	未完成扣 10 分	
手持式三维扫描仪操作和方案制订	1. 能正确操作并使用扫描仪 2. 完成真实患者扫描方案的制订	10	未完成一项扣 5 分	
患者身体特征数据的获取与扫描实操	根据患者实际情况使用三维扫描仪完成扫描	15	未完成扣 15 分	
利用 Geomagic 软件处理扫描数据并逆向建模	完成扫描数据的逆向建模,得到初级支具模型数据	15	未完成扣 15 分	
利用 Altair Inspire 软件对支具模型拓扑优化设计	1. 通过 Altair Inspire 软件完成对初级支具模型的轻量化设计 2. 通过 Altair Inspire 软件完成载荷工况对轻量化后支具模型影响的分析	20	未完成一项扣 10 分	
3D 打印工艺方案的制订与支具制作	通过 3D 打印机完成最终支具产品的打印	10	未完成扣 10 分	
支具产品的质量检测与工艺优化	能正确使用相关检测设备对 3D 打印支具产品进行检测并填写检测报告	10	未完成扣 10 分	
患者适配与产品综合评价	记录患者的穿戴感受以及医生的建议,不断地优化并改进该支具产品	10	未完成扣 10 分	
总分				

参考文献

[1] 李艳. 3D打印企业实例[M]. 2版. 北京：机械工业出版社，2024.
[2] 鲁华东，张骛，杨帆. 增材制造技术基础[M]. 2版. 北京：机械工业出版社，2022.
[3] 王寒里，原红玲. 3D打印入门工坊[M]. 北京：机械工业出版社，2018.
[4] 王晓燕，朱琳. 3D打印与工业制造[M]. 北京：机械工业出版社，2019.